當「腦控」走進元宇宙空

從神經元到 AI

前進思維的未來

閆天翼 著

突觸傳遞
運動控制
照相式記憶
腦機介面

由基礎神經科學至類腦智慧的跨越與創新

【歡迎來到大腦的世界】

意識存在於何處？

我們如何看到和聽到？

我們怎麼記住一件事情？

人的七情六慾由大腦的哪些區域控制？

腦科學是理解自然和人類本身的「最終疆域」
更是生命科學最難以攻克的領域之一！

目錄

前言

歡迎來到大腦的世界！

「大腦是你最重要的器官」——這是由大腦告訴你的。

我們為什麼會認識蘋果？為什麼會知道口渴？是什麼讓我們保持思考和學習？又為什麼我們會有喜、怒、哀、懼、愛、惡這些情緒與情感？各位同學有沒有思考過這些問題呢？

人類從很久之前就開始關注「大腦」了。無論是西方還是東方國家，起初人們都將心臟視為記憶和思考的器官，這種認知一直到古希臘時代才逐漸改變。西元前 4 世紀，古希臘時代的先哲認為「思維、情感、智慧皆來自於大腦，大腦參與對環境的感知」。西元 1795 年，人們才確定人類的思維來自大腦。到了 18 世紀末，隨著對人體的進一步探索和科技的發展，人類對大腦的大體解剖已經有了較為細緻的描述，這奠定了「不同腦功能定位於不同的腦迴」的理論基礎，為腦功能定位研究開創了新時代。當時間來到 20 世紀，科學家發現，儘管特定的大腦區域負責某項獨立的功能，但這些區域組成的網路以及它們之間的交互作用才是人類表現出整體、綜合行為的原因，即大腦是一個活躍的、動態的系統。進入 21 世紀以來，腦科學研究呈現大發展的態勢。科學家們

前言　歡迎來到大腦的世界！

以「腦探知、腦保護和腦創造」為目的，透過腦成像學、分子生物學、解剖生理學等研究方法，從已知的宏觀層面進入介觀層面再到微觀層面，認識和了解大腦的結構和功能，進而開發和模擬大腦，實現創造和融合大腦。

腦是人體最複雜的器官，是人體一切行為、思維、決策和感覺的司令部。然而，目前人類對大腦的了解尚處於初級階段。更好地了解大腦的構造和功能，對教育、醫療乃至人類發展意義重大。正是基於那些來自醫療、科學研究和技術的需求，人腦計畫應運而生。自 2013 年起，美國、歐洲、日本相繼啟動各自大型腦科學計畫，全球參與腦計畫的國家數量不斷增加，它不僅僅是科技發展的訊號，更代表了全球化科學研究資源的整合。時至今日，理解腦的工作機制，對於重大腦疾病的早期預防、診斷和治療，人腦功能的開發和模擬，創造以數值計算為基礎的類腦智慧，以及搶占國際競爭的最新技術具有重要意義。相信在全球各具特色的腦計畫共同合作下，人類對腦和疾病的認知將不斷深入，並從中尋找到更為廣泛的應用價值。

其實早在 20 年前讀大學期間，我就對心理學非常感興趣，但那時接觸到的書籍更多的是在介紹腦的心理或生理基礎，理論很艱深，且直白又枯燥。大學畢業之後，我選擇繼續攻讀碩士和博士學位，在此期間，我接觸了腦電、核磁等大腦訊息解碼技術，了解到大腦的編碼、訊息處理，甚至記

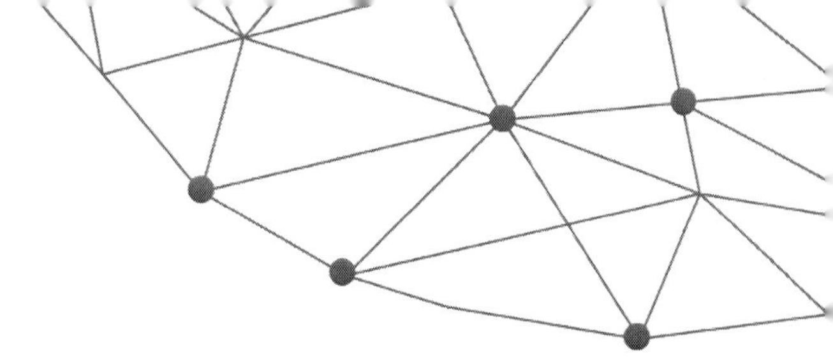

憶與情感都可能被量化，想像與夢境都可能被再現……這使我篤定信念，要從事這個被科學界視為「皇冠上的明珠」的科學研究領域。經過了近 20 年的學習與研究、教學與實踐，我越來越深入地了解到腦科學的奇妙之處，也深知腦科學的探索需要幾代人甚至幾十代人共同努力，而我們也終將在不斷進行的腦科學探索中推動人類科學與文明的進步。

我的研究領域所在學科方向為腦科學與神經工程，以腦基礎科學、腦機智慧技術研究為主線，涉及腦機制、腦模擬、腦康復領域的理論研究和儀器裝置研發等工作。本書整理和借鑑了前人的部分研究成果，結合筆者多年的研究經驗，主要介紹了大腦研究的發展歷程，大腦的基礎知識，以及腦科學在實際生活中的應用。為了兼顧趣味性和科學性，本書使用了類比手法，將大腦的知識變成了大家在實際生活中的所見所聞，既可以激發讀者的閱讀興趣，同時還能掌握相關的科學知識。

希望這本書可以讓讀者更加客觀地了解大腦、認識大腦、理解大腦，激發讀者對腦科學研究的熱情，新一代的腦科學研究力量可能就來自於各位熱愛腦科學的讀者們。最後，由於本人能力有限，難免存在缺點和不足之處，祈望讀者批評指正。祝閱讀和學習愉快！

閆天翼

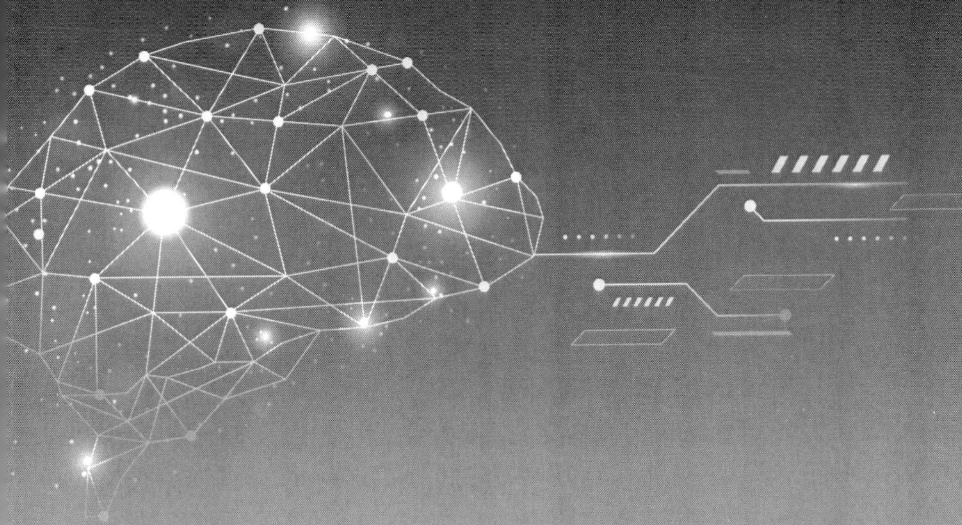

第一章

腦科學的前世今生

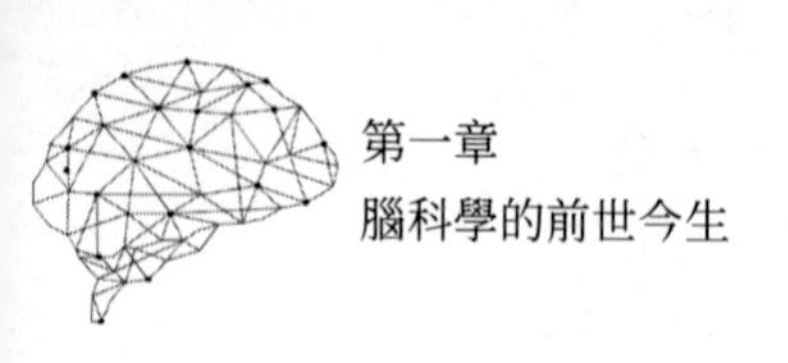

人腦被認為是自然界中最複雜、最高級、最精密的智慧系統，揭示腦的奧祕已成為當代自然科學面臨的巨大挑戰之一。然而，對人腦認識和研究的歷史卻遠比你想像得久遠。現有證據表明，我們的史前祖先也許早就已經意識到了大腦在生命活動中的重要作用。

西元 1865 年，一位考古學家（名字已無從考證）在經過印加古城的時候，從一位女收藏家那裡得到了一顆特別的頭骨，這顆頭骨的頭蓋骨部分有一個洞。這位考古學家認為，這個洞並不是常見的頭部創傷，而是一個手術的結果 —— 這個頭骨的主人在手術後還短暫地存活了一段時間。但根據當時的醫院對患者進行腦手術存活率都較低的情況，大多數人認為醫療手段與技術更加落後的古印加人不可能完成這麼複雜的手術。就這樣過了 7 年，當人們在一個新石器時代遺址處發現了多顆這樣的頭骨時，關於「腦手術」的說法才得到證實及認可。

這個發現證實了新石器時代的人類確實會進行顱骨穿孔術。頭骨上留有的手術痕跡表明，手術是針對活人的，而不是死後的宗教行為，甚至其中一些人在經過多次外科顱骨手術後仍然活著。但是這種手術的目的是什麼呢？有些人相信，透過在頭皮與頭蓋骨上鑽孔的方式，可以釋放顱內過大的壓力；有些神祕主義者認為，在頭蓋骨上打洞，可以提升感應能力；而在有些宗教信仰者眼裡，頭蓋骨上的洞也許是為了讓邪惡的靈魂離開腦子的通路……這些說法反映了在當時的歐洲，關於大腦的手術已經被一些外科醫生用來治療精神類疾病，或者作為一種躲避惡靈的手段。不過，古印加的外科醫生做這種手術的真實意圖是什麼，我們至今不得而知。

中國古代也有諸多學者試圖探究人腦與心理活動的關係。其中，早在戰國時期的《黃帝內經》便已涉及腦的解剖構造。《靈樞．海論》說：「腦為髓之海，其輸上在於其蓋，下在風府。」不但指出腦是髓彙集而成，而且認為腦與脊髓相連，與全身的髓都有密切的關係，故《素問．五臟生成篇》說：「諸髓者，皆屬於腦。」因此，腦也被稱為「髓海」，這就是「腦髓說」的萌芽。後世的「腦髓說」認為，大腦是精髓和神明彙集發出之處，又稱「元神之府」。《靈樞．海論》中還說：「髓海有餘，則輕勁多力，自過其度。髓海不足，則腦轉耳鳴，脛酸眩冒，目無所見，懈怠安臥。」這說明了腦對人體機能有著直接的影響。

然而，不論是西方還是東方，人們起初都將心臟視為記憶和思考的器官。《禮記》中記載：「心不在焉，視而不見，聽而不聞，食而不知其味。」古埃及會在人死後將其製作成木乃伊，目的是希望靈魂能夠找回軀體而順利復活，儘管死

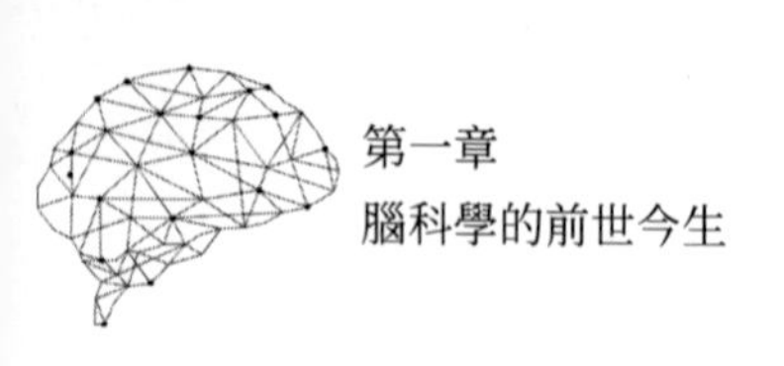

者屍身可以被儲存得十分完好，但他們的大腦卻在製作木乃伊的過程中被從鼻腔中取出丟掉。

這種「心臟是靈魂居所」的想法直到古希臘時代才受到強而有力的挑戰，並隨著對人體的進一步探索和科技的發展逐漸改變。直至西元 1795 年，人們才確定人類的思維來自大腦。這對我們現代人來說是常識，在那個時期卻有著跨時代的意義。在技術水準有限的年代，人類對大腦的探索總是跌跌撞撞，下面，就讓我們坐上時光機，一起見證腦科學的前世今生吧！

神經科學的誕生

對於大腦的研究起始於它的結構層面，如果沒有結構知識作為基礎，對大腦功能的探索就如同空中樓閣、沙上建塔。在對大腦結構的探索過程中，神經科學應運而生了。

神經科學的萌芽

時光機的第一站是西元前 4 世紀的古希臘。正如前文所說，在這個時代，「心臟是靈魂居所」的想法受到了強而有力的挑戰。西方醫學奠基人、「醫學之父」——希波克拉底（Hippocrates，西元前460年～前379年）透過對「結構功能主義」的思考以及解剖觀察，得出了「思維、情感、智慧皆來自於大腦，大腦參與對環境的感知」的結論。但這一觀點並未得到普遍的認可，例如，著名的古希臘哲學家亞里斯多德（Aristotle）就固執地相信「心臟是智慧之源」。他認為大腦僅是一個散熱器，被「火熱的心」沸騰的血液在這裡得到冷卻，並以此解釋了人體恆定且合適的體溫。

時光機的第二站是古羅馬時代。古羅馬醫學史上最重要的一位人物——加倫（Galen，西元130年～200年）接受了希波克拉底關於腦功能的觀點。同時，根據對大量動物細緻地解剖（尤其是羊腦），他提出將大腦分成3個腔室，分別承擔想像、推理和記憶這3個心理過程。這些腔室被稱為腦室（類似於心臟的心室），大腦透過這3個腦室泵出液體，來控制身體不同的活動。在加倫看來，這一發現極好地吻合了當時流行的理論：神經是一種類似於血管的中空管道，機體的功能有賴於4種重要液體的平衡，液體通過神經管道流入或流出腦室，使大腦得以執行不同的功能。

時光機的第三站是文藝復興時期。加倫有關於大腦的觀點延續了將近1,300年，直到文藝復興時期，法國近代解剖學創始人安德烈亞斯·維薩留斯（Andreas Vesalius，西元

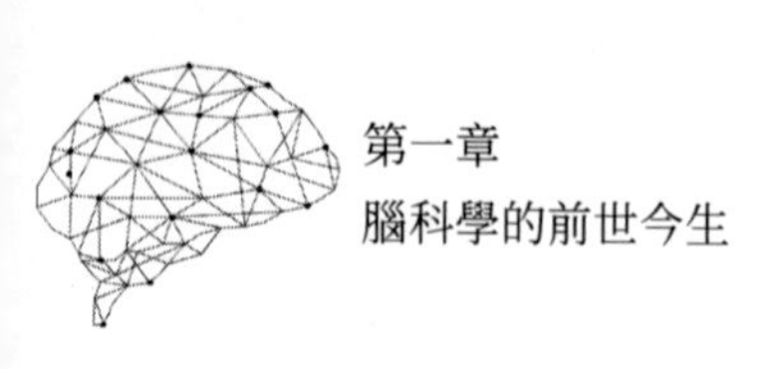

1514 年～ 1564 年）出版了第一部真正記載神經科學的醫學鉅著 ——《人體的構造》（*De Humani Corporis Fabrica*）。至此，醫學界對人體的認知，終於從由動物推論變成了從人體本身出發，神經解剖學就此建立，人們對大腦結構的認識也逐漸精細化。

雖然維薩留斯在《人體的構造》中進一步補充了許多腦結構方面的細節知識，但是卻沒有挑戰腦功能的腦室觀點。相反，由於 17 世紀早期法國人開始使用以水為動力控制的機械裝置，腦功能的腦室觀點又得到了進一步的強化。這些機械裝置支持了「以類似於機械執行的方式行使其功能」的觀點：液體從腦室中被壓出，經過「神經管道」到達人體各處，從而激發肢體的運動。法國數學家和哲學家勒內．笛卡兒（René Descartes）便是這一觀點的主要提倡者。

不過，儘管他認為這一理論可以解釋其他動物的腦和行為，但用該理論去解釋人類所有的行為卻是一件不可思議的事情，因為與其他動物不同，人類擁有智慧和一顆上帝賜予的心靈。因此，笛卡兒提出，儘管大腦是控制身體行動的器官，但人類所特有的「心靈」則獨立於大腦之外，人類的靈魂、思想，都躋身於此。與此同時，大腦與心靈透過大腦內的一個叫松果體的結構（實際上是腦內的一個分泌各類激素的結構）進行交流。他的這種說法，無論在哲學界，還是在神經科學界，都影響頗深。直至今日，仍有人相信「心靈」與腦是彼此分離的。但是，正如我們將在本書後續關於腦的認知功能中介紹的那樣，現代神經認知科學並不支持這種說法。

接下來我們來到時光機的第四站——17～18世紀。一些科學家掙脫了加倫的腦室論這一傳統觀念的束縛，對腦結構進行了更加深入的研究。他們觀察到腦組織可被分為兩部分：灰質和白質，且正確地提出白質包含纖維，這些纖維造成向灰質傳遞訊息的作用。

到18世紀末，神經系統已經可以被完整地剝離出來，它的大體解剖也因此獲得了更為細緻的描述。神經解剖學史上的一個重大突破是在腦表面觀察到廣泛存在的一些凸起和凹槽，它們被分別稱為腦迴和腦溝（在第2章中會詳細介紹）。這一結構使大腦可以以腦葉的形式劃分，奠定了「不同腦功能定位於不同的腦迴」的理論基礎，為腦功能定位研究開創了新時代。

顱相學的興與衰

我們已經見證了腦功能定位研究新時代的開啟，現在我們將重點介紹一個曾風靡歐美的腦功能定位假說——顱相學（Phrenology）。

顱相學與面相學類似，是一門透過研究人體顱骨外部形狀來判斷一個人的人格和命運的學說。西元 1796 年，德國解剖學家弗蘭茨．約瑟夫．加爾（Franz Joseph Gall，圖 1-1）首次提出了顱相學的概念。在他看來，頭骨和大腦的形狀是緊密對應的，某個特定腦區的大小直接決定了頭骨的形狀，因此，如果對頭骨的凹凸形狀進行分析，就可以了解到每個人的人格和能力。比如隆起的頭頂代表著智慧，寬闊的前額說明想像力豐富，而大頭則意味著聰明絕頂。

圖 1-1 弗蘭茨．約瑟夫．加爾畫像

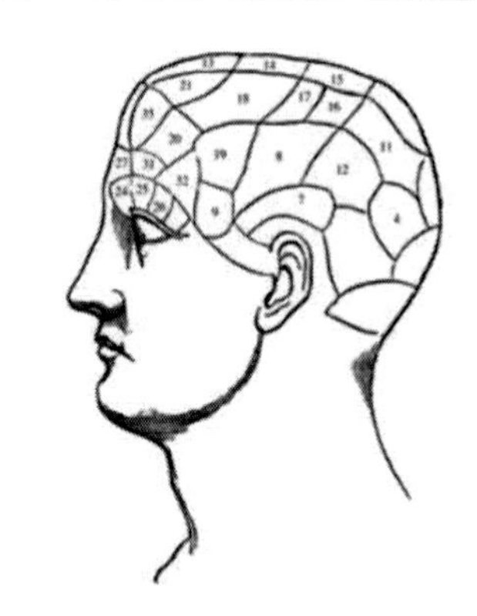

圖 1-2 顱相學示意圖

加爾從小就對面部和顱部特徵非常感興趣。高中時代，他發現幾位記憶力出眾的同學，眼睛非常突出，據此，他推斷位於眼睛後方的腦區應該與人的語言和記憶有所關聯。之後的許多年裡，加爾透過這樣類似的觀察歸納，總結出了 27 個功能區域，如圖 1-2 所示。19 世紀初，加爾開始發表有關顱相學理論的醫學文獻。

他的研究結果在推動人類大腦研究的同時，也推動了人類對自身以及與其他動物之間差異的認知。

1920 ～ 1940 年代，顱相學正處於發展的鼎盛時期。在學術界，顱相學獲得了一些傑出的科學家，甚至醫學界的領軍人物的認可；在政治界，英國女王亞歷山德麗娜·維多利亞（Alexandrina Victoria）以及美國總統約翰·亞當斯（John Adams）都欣然接受顱相學大師的診斷；而在普通民眾的生活中，顱相學診所在歐美大街小巷四處開花，不僅談婚論嫁需要去看顱相，而且找工作時，許多僱主也都要求求職者提供一份由當地的顱相學家提供的人格證明，以確保未來的僱員誠實、勤奮。頭骨上的凸起提供了一個判斷人才和能力的指標，這一信念尤其被用於教育和刑事改革。頭部的形狀與大小儼然成為歐美民眾沉迷討論的話題。

不過，即使再繁華的高樓也會一夕崩塌。隨著對醫學、生物學領域的研究越來越深入，各界對加爾顱相學的質疑聲也越來越大。

法國的神經生理學家 Pierre Flourens 是顱相學理論最大的反對者之一。他對鴿子進行腦部切除手術時，發現不論什麼位置的小部分損毀，鴿子仍然能吃能睡，看上去並無大礙；而當鴿子腦部被切除的面積越來越大時，鴿子才開始逐漸出現異常。因此 Flourens 認為大腦其實是作為一個整體執

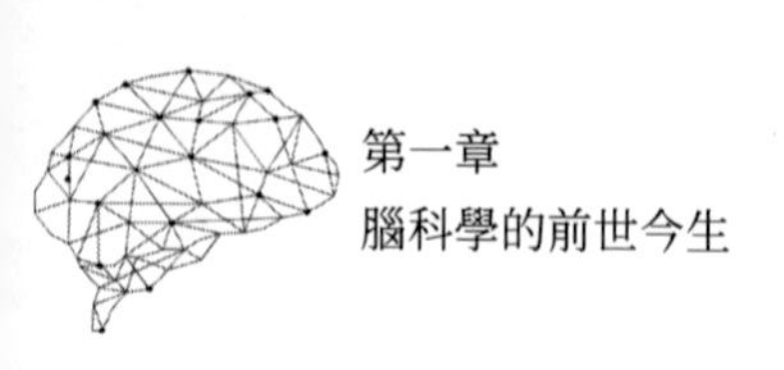

行的，每個區域都均等地參與了所有腦功能，無法單獨透過某個區域獨立運作。這個說法顯然與顱相學中「不同位置的頭顱區域代表著不同能力」相悖。此外，Flourens 透過解剖還得出大腦和頭骨形狀並不是一一對應的結論。從此，顱相學開始由「眾人追捧」逐漸走向「眾人追噴」。

顱相學雖然衰落了，但是其關於腦功能定位的見解卻依然影響著後人，人們關於大腦功能的「定位說」與「整體說」也一直爭論不休。最終，法國神經科醫生保羅．布羅卡（Paul Broca）使科學的天平穩穩地偏向大腦功能定位說的一側。布羅卡曾經遇到過這樣一個病人，他能夠理解別人的言語，自己卻無法說話。在這個病人死後，布羅卡仔細地研究了他的大腦，結果在其左額葉上發現了損傷。根據這一病例以及其他幾個類似的病例，布羅卡認為大腦的這一區域具體負責語言的形成，並將其命名為 Broca's area（布羅卡區），如圖 1-3 所示。

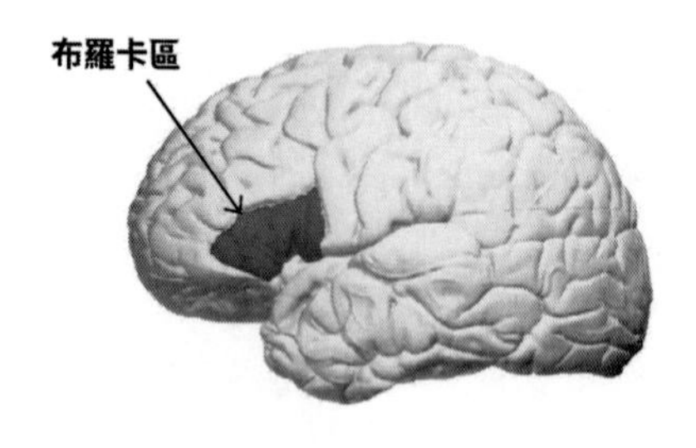

圖 1-3 布羅卡區示意圖

從正向的角度看，顱相學的確是第一個提出「大腦功能及空間分布關係」這一觀點的學說，後來布羅卡發現大腦語言中樞，也在一定基礎上保留了顱相學的觀點。但由於缺乏現代神經科學的工具，當時的科學家只能利用觀察來進行小範圍的研究，很有局限性。這些細節上的錯誤，導致顱相學走向了荒謬可笑的方向，最終被時代淘汰。利用核磁共振等現代技術，今天的神經學家可以重新審視和探索大腦的不同區域以及它們與不同功能和心理特徵之間的連繫，這也是當下腦科學研究的熱點方向。關於腦功能定位的現代研究方法，我們在第 3 章進行詳細介紹。

神經元的發現

正如曾經風靡一時的顱相學最終走向衰落的結局告訴我們的那樣：技術的不足會限制我們對事物的觀察，而技術的突破一般都可以幫助各種科學理論更進一步發展和完善。到 19 世紀中期之前，人們對大腦的認知還停留在形狀、大小這類宏觀的層面，對大腦的構成並不了解。實驗儀器精準度的限制是一個很大的原因。當高精度的顯微鏡被發明之後，科學家們終於能看清楚神經系統了。隨著生物細胞理論的發展，人們意識到，大腦組織也是由細胞構成的。

起初，就算是有高精度的顯微鏡，大腦組織在顯微鏡下

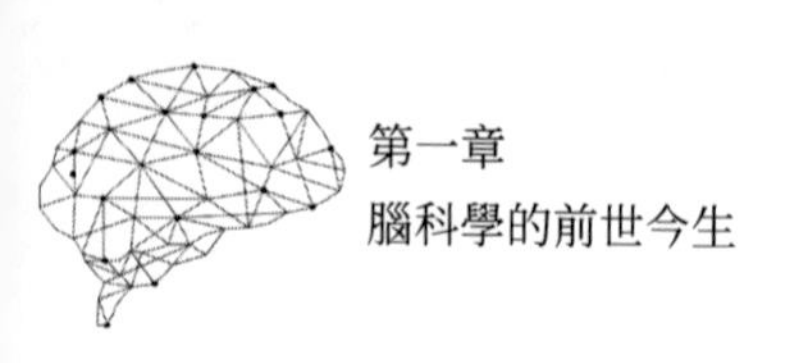

也只是一堆不太能被區分的顆粒狀的組織，所以在當時仍有很多人反對大腦是由細胞構成的這一觀點。後來義大利解剖學家卡米洛·高基（Gamillo Golgi）（就是發現細胞中高基氏體的那個高基）發明了一種銀染色法（高基染色法），來標記腦神經細胞。西班牙人聖地牙哥·拉蒙·卡哈爾（Santiago Ramóny Cajal）使用高基染色法發現神經元是分立的個體。他不僅第一次鑑別出了神經元的單一性，而且還發現神經元內的電傳導是單向的，只能從樹突傳到軸突。

在發現神經傳導路線的同時，卡哈爾也提出了神經細胞是透過突觸結構來劃分的，即大腦也是透過大量獨立細胞所組成的組織，形成了後來著名的「神經元學說」，他本人也被稱為「現代神經科學之父」。至此，現代神經科學終於誕生了！

走近認知科學

我們乘坐時光機見證了神經科學的誕生。隨著 20 世紀神經科學的不斷發展，腦功能定位主義者對他們的觀點進行了一定的取捨。他們發現，儘管特定的大腦區域負責某項獨立的功能，但這些區域組成的網路以及它們之間的交互作用才是產生人類表現出整體、綜合行為的原因。

法國生物學家克洛德·貝爾納（Claude Bernard）曾說過：「如果有可能將身體的所有部分分解開，將它們獨立出來以研究它們的結構、形式和連線，那就和生命不同了……如果一個人只分別研究一種機制的各個部分，那麼他就不可能知道它是如何運作的。」

就這樣，科學家們開始相信，關於神經元和大腦結構的認識，必須放在整體的關係中被理解，即當這些部分連線到一起時產生的作用。因此，神經科學的基本方法並不能全面地分析大腦，因為大腦是一個活的、動態的系統。接下來，我們就從另一個科學的角度——認知科學，來理解腦科學的歷史。

心理學的故事

儘管脫胎於醫學的神經科學在大腦研究的早期階段引領潮流，但心理學家對心智的研究早已經透過測量行為進行著，而這就是認知科學的前身。

在實驗心理學誕生之前，對心智的探討一直是哲學家的領域，他們對知識的本質以及人類如何學習新事物充滿好奇。哲學界有兩大主要觀點：理性主義和經驗主義。理性主義興起

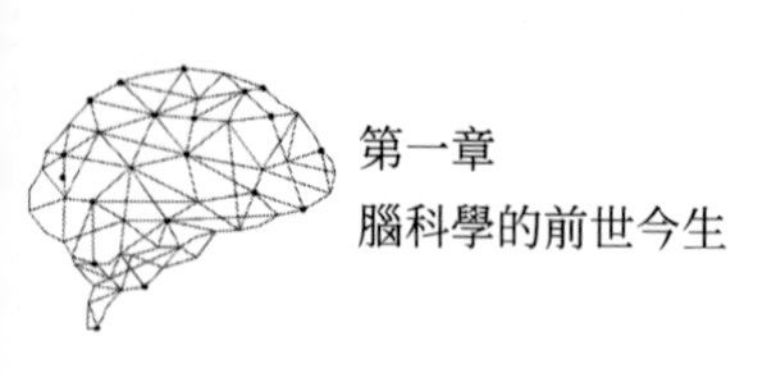

於啟蒙運動時期，在知識分子和科學家中，理性主義取代了宗教，成為思考世界的唯一方式。理性主義者從自然科學中吸取辯證法發展的觀點，用思辨的方式來表達進步的要求。相反，經驗主義者認為，所有的知識來自於感覺經驗，直接的感覺經驗可以產生簡單的思想和觀念。當各種簡單的想法交互作用、相互連線，複雜的想法和觀念就產生了。

隨著歷史的推進，一方面，從古希臘到 19 世紀中葉近 2,000 多年的哲學發展已經為心理學的獨立醞釀了必要的條件；另一方面，19 世紀西方科學的發展已經有了長足的進步，當時的生理解剖學、物理學等許多自然科學獲得了巨大的進展，它們確立了科學的權威地位，同時也為心理科學的獨立創造了條件。如著名的心理物理學家古斯塔夫 · 費希納（Gustav Fechner）和恩斯特 · 韋伯（Ernst Weber）透過實驗，將事物的物理性質（光和聲音），與它們給觀察者造成的心理體驗連結起來。這些實驗使得一些心理學家意識到，要想使心理學從哲學中脫離出來成為一門獨立的學科，就必須把這些科學方法引入心理學的研究，而這也是使心理學成為科學的最直接的前提條件。西元 1879 年，威廉 · 馮特（Wilhelm Wundt）在萊比錫大學建立了第一個心理學實驗室，這意味著現代實驗心理學的開始，也意味著科學心理學的確立。

然而，在之後的幾十年中，實驗心理學卻開始被行為主義統治。

大家一定知道著名的帕夫洛夫實驗：當不斷地把鈴聲和餵食匹配在一起，狗會逐漸對鈴聲流口水。這似乎在預示著物理刺激和心理學習過程可以被精心地控制並有效地測量，就像馬戲團訓練動物表演那樣，行為實際上是重複地物理刺激的訓練結果。

行為主義之父——約翰·華生（John Waston）將伊凡·帕夫洛夫（Ivan Pavlov）的條件反射學說作為學習的理論基礎。他認為學習就是以一種刺激替代另一種刺激建立條件反射的過程，並宣稱在環境完全可控的情況下，他可以把一個孩子塑造成任何樣子。在華生看來，人類出生時只有幾個反射行為（如打噴嚏、膝跳反射）和情緒反應（如懼、愛、怒等），其他所有行為都是透過條件反射建立新刺激 - 反應聯結而後天習得的。為了讓大家接受這個觀點，他設計了一個臭名昭彰的、令人心碎的實驗——小艾伯特實驗（Little Albert experiment），試圖證明情緒可以經由條件作用而產生，不用考慮任何內部的力量。

實驗之前，華生這樣描述他的受試者艾伯特：「一個重 9.5 公斤，11 個月大的嬰兒……他健康、溫和，是個很棒的好孩子。在與他相處的幾個月中，我們從來沒有看見他哭

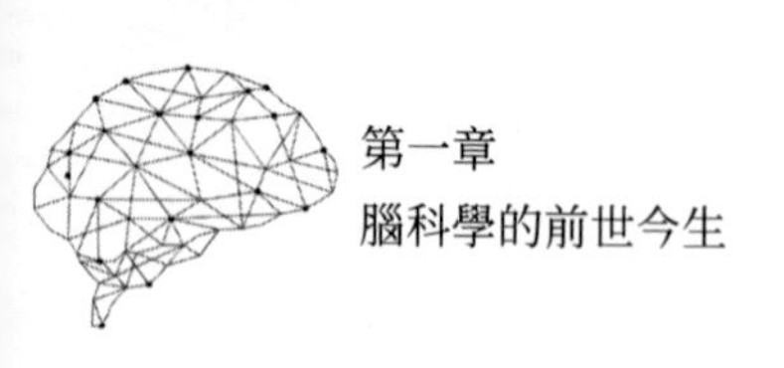

過，直到我們做了實驗之後……」

在艾伯特 9 個月大時，實驗者向他呈現大白鼠、兔子、狗、棉毛織物等東西，來觀察他對這些特定刺激的反應。結果發現艾伯特不但沒有表現出任何恐懼情緒，反而十分感興趣，時不時地撫摸這些物品，此時，這些物品還屬於中性刺激。然後，實驗者開始測試艾伯特對巨大噪音的恐懼反應。他們在艾伯特身後用錘子擊打鋼棒，製造出響亮並嚇人的噪音。可想而知，艾伯特被嚇壞了，他在巨大噪音的刺激下爆發大哭。

正式實驗在艾伯特 11 個月大時開始。當艾伯特伸手去觸控一隻大白鼠時，實驗者在一旁用錘子擊打鋼棒。鋼棒發出巨響，艾伯特被嚇得猛地跳了起來，跌倒在床上。此後，每當他要伸手觸控大白鼠時，實驗者便敲擊鋼棍，將他嚇得猛然跳起然後跌倒，繼而大哭。最後，「只要白鼠一出現，嬰兒就開始哭。他開始爬得飛快，以至於在他爬到桌子邊緣時差點沒能拉住他」。就這樣，艾伯特對噪音的自然反應變成了對白鼠的條件反射。

基於這一發現，華生和他的助手想知道艾伯特對白鼠的恐懼是否會轉移到其他毛茸茸的動物身上，於是他們開始將兔子拿給他。結果艾伯特還是一邊哭一邊爬走了。甚至從此對於狗、白色毛皮大衣、絨毛娃娃、棉花等毛茸茸的東西，艾伯特都產生了深深的恐懼 —— 這也是這個實驗臭名昭彰的原因。

顯然華生的實驗是殘忍的、不符合倫理的，但是他的行為主義心理學卻一時成為心理學主流，影響美國心理學長達 30 年之久，直到 1950 年代才真正結束。

實際上，行為主義心理學乍看之下似乎有些道理，但仔細想想便能發現許多漏洞。如著名的愛德華·托爾曼（Edward Tolman）老鼠迷宮實驗，便是反擊行為主義心理學的一大有力證明。如圖 1-4 所示，迷宮有 1 個出發點、1 個食物箱和 3 條長度不等的從出發點到達食物箱的通道（分別為通道 1、通道 2、通道 3）。實驗開始時，先讓小白鼠在迷宮內自由地探索，一段時間後，檢驗它們的學習結果。

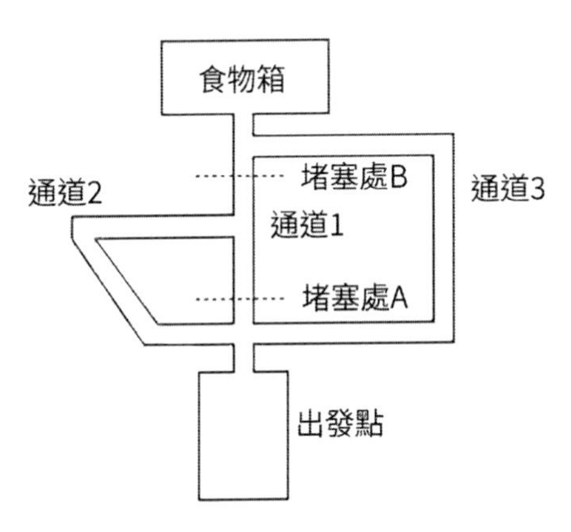

圖 1-4 小白鼠學習方位的迷宮

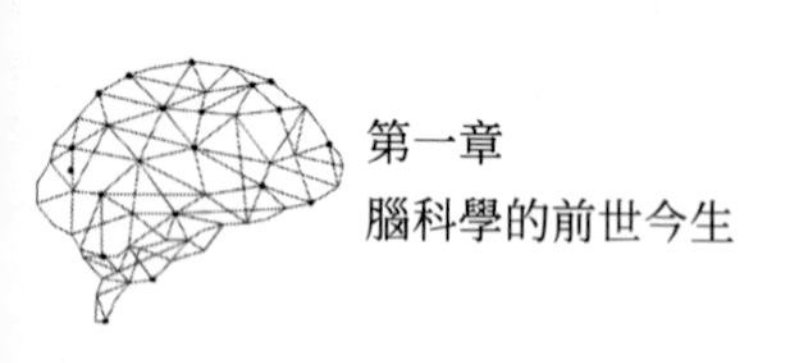

當 3 條通道都暢通時，小白鼠會選擇距離最短的第一條通道，也就是說，在一般情況下，小白鼠往往選擇較短的途徑。而當托爾曼對各通道做一些處理後，例如，在 A 處將通道 1 堵塞，這時發現小白鼠選擇通道 跑到食物箱；當在 B 處堵塞通道 1 時，小白鼠並不像以前形成的習慣那樣，先選擇通道 2 再選擇通道 3，而是避開通道 2，馬上選擇通道 3。即小白鼠能「頓悟或意識到」堵塞 B 點會將通道 1 與通道 2 同時關閉起來，就像它們的頭腦中存在迷宮地圖一樣。

根據實驗結果，托爾曼認為小白鼠走迷宮，學習的並不是左轉或右轉的序列，而是在它的腦中形成一種認知地圖，如果一條熟悉的路被堵塞，小白鼠就會根據認知地圖所展現的空間關係選擇另一條路線到達目標。而「大腦可以快速產生沒有被訓練過的行為」這一現象，顯然無法被行為主義解釋。

除此之外，我們都知道，語言具有複雜性與多樣性，人們可以將同一個意思用很多個不同的語句甚至不同的語言表達。因此，心理學家們逐漸了解到開啟大腦這個黑盒子的重要性。老鼠頭腦裡的迷宮地圖、抽象的行為目標、語言學等新挑戰開始讓下一代心理學家重新思考研究的框架。

認知心理學

如果說行為主義時代信奉的「心理學是研究行為的科學」是片面的，那麼到底什麼才是心理學呢？

喬治·米勒（George Miller）為一時有些茫然的心理學界指點了迷津。1960 年，他與另一認知心理學家傑羅姆·布魯納（Jerome Bruner），聯合成立哈佛大學認知研究中心，該中心的命名即帶有向行為主義心理學挑戰的意味。不過米勒本人並不贊同人們將他們的心理學思想解釋為認知革命。他認為認知心理學的興起並非完全創新，只能說是舊思想的復甦。認知心理學把以往被行為主義心理學排擠到後臺的人的認知過程，重新拉回到心理學研究的檯面，重視對注意、知覺、表象、記憶、思維和語言等高級心理過程的研究，從而使心理學恢復了原來研究內在心理活動的本來面貌。自此，心理學便從原先的「心理學是研究行為的科學」，改變為「心理學是研究行為與心理歷程的科學」。

米勒很清晰地記得，自己當初下定決心放棄行為主義心理學而轉向認知主義的那一天是 1956 年 9 月 11 日，麻省理工學院舉辦第二屆訊息理論研討會期間。對很多學科來說，那一年是個豐收年。

例如，當時的電腦科學領域就發展十分迅速，艾倫·紐厄爾（Allen Newell）和希爾伯特·西蒙（Herbert Simon）

成功提出了「第一代訊息加工語言」，並開發了最早的啟發式程式「邏輯理論家（Logic Theorist）」和「通用解難器（General Problem Solver）」——一個強大的、可以模擬邏輯定理證明過程的程式。處理電腦訊息功能的改變，對尚處於萌芽時期的認知心理學產生了重大影響。

儘管在這之前，心理學家已經將訊息處理的歷程大致區分為感官記憶（2 秒以下）、短期記憶（15 秒以下）和長期記憶，但短期記憶的性質及其重要性，則是在米勒於 1956 年發表研究報告《*The Magical Number Seven, Plus or Minus Two: Some Limits on Our Capacity for Processing Information*》之後才被確定的。

米勒受到電腦處理訊息方式的啟發，提出了資訊編碼的概念。他認為編碼最簡單的方式是將輸入訊息歸類，然後加以命名，最後儲存的是這個命名而非輸入訊息本身。編碼是一個主動的轉換過程，對經驗並非嚴格的匹配，因此編碼以及解碼往往會導致錯誤發生。他的研究有兩點要義：

第一，在不得重複練習的情形下（如看電視字幕），短期記憶中一般人平均只能記下 7 個單位（如 7 位數字、7 個地名），因此，從電話簿上查到一串電話號碼後，往往在要撥號時會不復記憶。

第二，短期記憶的量雖然不能增加，但卻有可能根據所記憶事物的性質經由心理運作使之擴大。例如，2471530122022 是一串 13 位的數字，遠超過「7」這個數量限制，但如果經心理運作將之意義化：24 小時（一天）、7 天（一星期）、15 天（半個月）、30 天（一個月）、12 個月（一年）、2022（年分）——是不是就變得容易記憶了？米勒稱此種意義單位為組塊，人們學習英文時由字母組成單字，由單片語成短語，由短語組成長句……這些都是將零碎訊息經心理運作變成多個組塊之後記下來的。

米勒對短期記憶上的研究成就，為新興的認知心理學提供了理論的依據。自此之後，短期記憶成為現代認知心理學中熱點主題。米勒為以訊息處理理論（Information processing theory）研究記憶開創了道路，而他的學術成果甚至成為 Google 等公司搜尋技術的研究基礎。

現在，認知心理學已經成為心理學、認知科學甚至腦科學研究中的重要組成部分。不僅如此，很多網路公司，尤其是遊戲公司，在開發新應用和新產品的時候，也會從認知心理學的研究成果中汲取靈感。另外，經濟學領域也開始被認知心理學滲透，暢銷書《思考快與慢》（*Thinking, Fast and Slow*）的作者丹尼爾·康納曼（Daniel Kahneman）便是首位獲得諾貝爾經濟學獎的認知心理學家。

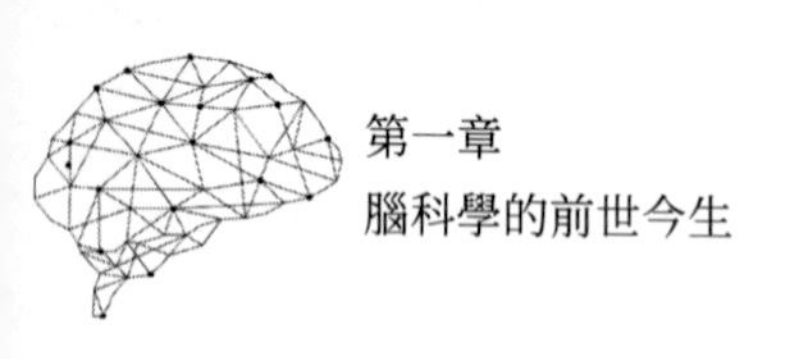

認知科學的今生

就這樣，以喬治·米勒為代表的一批心理學家將計算的思想帶入對大腦的研究當中，以訊息處理論為基礎的認知科學便以此為沃土，逐漸興起了。1977 年，《認知科學》（*Cognitive Science*）的創刊與 1979 年認知科學學會的成立，象徵著認知科學開始漸漸走近大眾的視野。

認知的英文是 cognition，它來源於拉丁語，是「了解、學習」的意思，因此，認知過程講述的就是我們如何學習和了解外部世界，如何處理訊息的過程。這個過程涵蓋了注意力、記憶、覺察、語言、元認知等更具體的內容。而由其發展歷史可見，認知科學是研究心智和智慧的交叉學科，是現代心理學、人工智慧、神經科學、語言學、人類學乃至自然哲學等學科交叉發展的結果，也是腦科學的一大重要研究方向。

認知科學的研究內容主要包括：

①以知覺表達、學習和記憶過程中的訊息處理、思維、語言模型和基於環境的認知為突破口，在認知的計算理論與科學實驗方法與策略等方向實現原始創新；②探討創新學習機制，建立腦功能成像資料庫，提出新的機器學習和方法。由於其涉及學科之廣、研究前景之大，認知科學的發展得到了國際科技界，尤其是先進國家政府的高度重視和大規模支持。

21 世紀初，美國國家科學基金會和美國商務部共同資助了一個雄心勃勃的計畫 ——「提高人類素養的聚合技術」，他們將奈米技術、生物技術、資訊科技和認知科學看作 21 世紀四大前沿科技，並將認知科學視為最優先發展的領域。美國海軍支持認知科學的規劃 ——「認知科學基礎規劃」，已有 30 多年的歷史。其基本目標包括 5 個方面：①確定人類的認知構造；②提供知識和技能的準確認知結構特性；③發展複雜學習的理論，解釋獲得知識結構和複雜認知處理的過程；④提供教導性理論以刻劃如何幫助和改良學習過程；⑤利用人類行為的計算模型，提供建立有效的人與系統互動作用的認知工程的科學基礎。

總之，探究人類心智始終是科學家孜孜不倦的追求。畢竟之前很長一段時間裡，人類對心智的探索只停留在哲學、心理、解剖學等層面，隨著電腦科學等新興學科的建立，讓科學家看到了從學科融合的角度切入去研究人類心智，認知科學也就應運而生了。

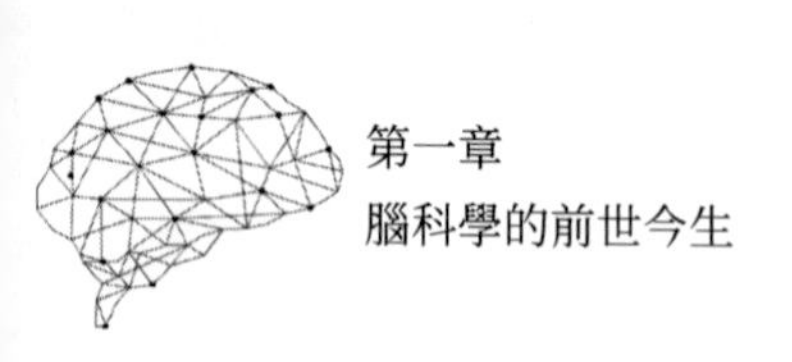

腦科學的未來

上文我們提到，以喬治．米勒為代表的一批心理學家將訊息處理論帶入對大腦的研究當中。認知革命之後，「人類認知系統（大腦）是一個訊息加工系統」這一觀點已被許多科學家認可，而對於這個系統的研究自然也就有不同的角度，即結構和功能。

我們以一個大家更熟悉的訊息加工系統 —— 電腦為例，假設有一臺時空機器把現代的電腦傳送到 100 年前 —— 100 年前的人並不知道這臺電腦的構造和原理 —— 但是他們肯定覺得這東西非常有意思，於是就會有一群科學家坐下來研究這臺神奇的東西。

首先，會有一群人坐下來拆機器，他們拆開電腦的外殼，看到裡面的結構和部件：中央處理器（central processing unit, CPU）、隨機存取儲存器（random access memory, RAM）、數據線路等。他們想知道這臺神奇的機器是怎麼執行的，需要對這臺機器的結構組成有所了解。我們稱這些人為硬體科學家。硬體科學家可能會透過不同的實驗，比如拆掉某個硬體單元來研究這個硬體單元對整個機器工作的影響，或者研究每一個部件的構造，看看他們的工作特點等。

不過，硬體科學家做的事情，並不能告訴我們電腦裡面的作業系統是怎麼被編寫出來的。所以，一群思路截然不同的科學家也加入進來研究電腦，他們決定暫時不考慮硬體的工作方式，直接研究桌面上的一個個軟體，我們稱之為：軟體科學家。軟體科學家並不關心他們所看到的桌面作業系統是怎麼透過物理元件實現的，他們更關心的是這個作業系統具有什麼功能，能夠做什麼事情，具有什麼效能。

硬體科學家和軟體科學家都在研究這臺被我們傳送過去的電腦，研究它是怎樣工作的，但是很顯然，硬體科學家和軟體科學家在做完全不同的事情，有著完全不同的研究方向。

現在我們回到腦科學上來。同樣地，我們也有一批硬體科學家和軟體科學家正在研究我們的大腦。簡單地說，神經科學更像是「硬體學派」，而認知科學更像是「軟體學派」。前者關心的是「大腦」這個物理系統是怎麼樣進行訊息加工，從而執行人類當前行為的；後者關心的是「認知系統」需要執行什麼樣的運算才能產生人類當前的行為。

在前文，我們已經從腦科學的「硬體學派」和「軟體學派」介紹了它的發展歷史。接下來我們要介紹的是腦科學的研究現狀以及未來。

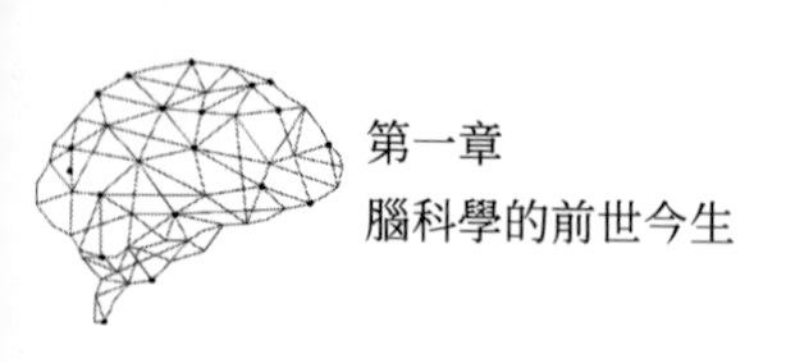

現在：腦計畫更懂你

腦是人體最複雜的器官，負責對人體一切行為、思維、決策和感覺的調控。然而，目前人類對大腦的了解尚處於初級階段。只有更好地了解大腦的構造和功能，才能對腦部的疾病做出更完善的診斷和治療。此外，隨著電腦技術的發展，人工智慧被推到時代發展的風口，透過借鑑大腦神經網路，可以更好地促進人工智慧的完善。

正是基於這些來自醫療、科學研究和技術的需求，人腦計畫應運而生。自 2013 年起，美國、歐盟、日本相繼啟動了各自的大型腦科學計畫，全球參與腦計畫的國家數量不斷擴充壯大，它不僅僅是科技發展的訊號，更代表了全球化科學研究資源的整合（表 1-1）。

表 1-1 腦計畫簡介

發起方	腦計畫名稱	啟動時間	研究重點
美國	創新神經科技大腦研究計畫 BRAIN, Brain Research Through Advancing Innovative Neurotechnologies	2013 年	旨在推動創新技術的開發與應用，研究大腦動態功能及工作機制，發展治療腦部疾病新方法。
歐盟	人類腦部計畫 HBP Human Brain Project	2013 年	旨在利用超級電腦技術模擬大腦功能，從而實現人工智慧。

日本	疾病研究綜合神經技術腦圖繪製 Brain/MINDS, Brain Mapping by Integrated Neurotechnologies for Disease Studies	2014 年	旨在透過融合靈長類模式動物多種神經技術研究，以研究人類神經生理機制，並建立絨猴腦發育及疾病發生的動物模型。
澳洲	澳洲腦計畫 Australian Brain Initiative	2016 年	旨在揭示腦異常機制編碼神經環路與腦網路認知功能，解決人類健康、教育問題並透過促進工業合作者和腦研究的結合研發新的醫療產品。
中國	腦科學與類腦科學研究 Brain Science and Brain-Like Intelligence Technology	2016 年	形成「一體兩翼」布局，以研究認知的神經原理為核心，以研究重大疾病的診療手段和類腦智能研究為「兩翼」
韓國	韓國腦計畫 Korea Brain Initiative	2016 年	旨在破譯大腦的功能和機制，調節做為決策基礎的大腦功能的整合和控制機制。

未來，可能比科幻更科幻

現在，讓我們一起暢想一下腦科學的未來。實際上，關於未來，人們總是有各式各樣的暢想，尤其是關於人腦的未來，已經有許多影視作品和科幻小說對其進行了描述。

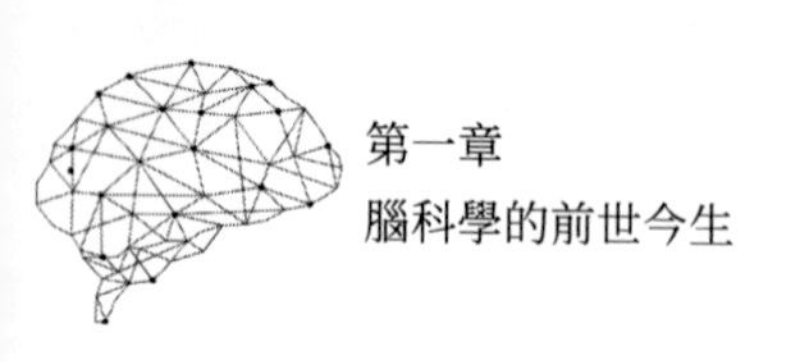

掌控夢境

夢境向來是一個神祕又引人好奇的領域，千百年來，關於夢的傳說也不盡其數。一些科學家曾在夢裡獲得靈感。藥理學家奧托·勒維（Otto Loewi）在夢中獲得了神經遞質能夠促進訊息通過突觸的想法，而這成為了神經科學的基礎。無獨有偶，德國著名有機化學家奧古斯特·凱庫勒（August Kekulé）在西元 1865 年做了一個關於苯的夢。他夢見苯的碳原子構成一個鏈條，首尾相接，形成環狀，就像一隻咬著自己尾巴的蛇。基於這個夢，他提出了苯分子的物質結構，即大名鼎鼎的苯環。

一些影視作品中也常常出現夢的題材，在經典電影《全面啟動》（*Inception*）中，李奧納多·狄卡皮歐（Leonardo Dicaprio）飾演的男主角可以從夢這個最不可能的地方盜取祕密。他的團隊可以利用一種新的發明進入人們的夢境，從人的潛意識中盜取機密，並重塑他人的夢境。

儘管夢一直困擾和迷惑著我們，但科學家似乎已經抓住了解夢的蛛絲馬跡。事實上，科學家現在所做的一些事曾經被認為是不可能的：他們可以用核磁共振成像技術拍下夢的模糊影像和影像（關於這項技術的原理我們會在第 3 章中進行介紹）。也許有一天，你可以透過觀看自己夢的影片了解自己的潛意識；又或許，經過適當的訓練，你可以有意識地控制自己夢。甚至在更遠的未來，透過電腦對兩個正在做夢的大腦進行核磁共振成像掃描，並將其中一個人的掃描結果解碼為影片影像，傳輸到另一個人大腦的知覺區域，這樣，二者的夢就可以進行合併，或許就能實現像《全面啟動》中的角色那樣潛入別人的夢境。

意念互聯

「腦機介面（Brain-Computer Interface）」這一話題在近年成為熱點。這種技術可以將大腦中的神經元訊號轉換為能夠在現實世界中移動物體的具有實際意義的指令，為身心障礙人士重新恢復一部分人體機能提供了可能。著名宇宙學家史蒂芬·霍金（Stephen Hawking）就安裝了一個類似腦機介面的裝置。這一裝置就像一臺腦電圖感測器一樣，能夠將霍金的思維和電腦連線在一起，這樣一來，他就能保持自己同外部世界的連繫了。除了可以用於改善病人生活，這一技術的另一種用途是把電腦與任意裝置連線起來，並實現腦控，如烤麵包機、咖啡機、空調、電燈開關等。有了這種技術，我們就可以實現坐在家中，僅僅動動腦子便自由切換電影片道、開關燈以及烹飪料理了。關於腦機介面的更多知識，我們將會在本書的第 4 章進行介紹。雖然目前這種技術還處於起步水準，但隨著科技發展，也許「意念互聯」就在不遠的明天。

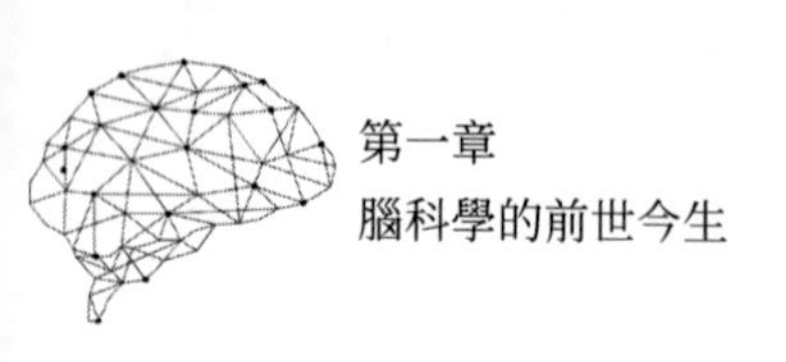

植入記憶

在《駭客任務》（*The Matrix*）中，主角尼歐（Neo）可以透過脖頸上植入的電極，即時將武術技能下載到大腦中，僅僅幾秒鐘，他便成了跆拳道大師，輕而易舉地打倒了追殺他的人。你一定也在考試前有過這樣的幻想：如果能夠下載記憶，我就不用複習了！

這樣的情節看似天方夜譚，但也許真的可能成為現實。2013 年麻省理工學院的一個課題組在研究阿茲海默症時發現，他們不僅能夠實現在老鼠的大腦中植入普通記憶，還可以實現植入虛假記憶。這些科學家使用了一種叫作光遺傳的技術，透過對特定的神經元進行照射，從而使其啟用。利用這種技術，科學家能夠辨識出對特定記憶而言是哪些特定的神經元在發揮作用。例如，一隻老鼠進入房間，然後被電擊。科學家可以分離出承受這個痛苦記憶的神經元，透過分析海馬迴把它記錄下來並與光纖維連線。然後，把這隻老鼠放進一間完全不同且絕對安全的房間裡，開啟光源照射光纖維，老鼠便會在這個新房間中產生虛假的電擊記憶，並做出恐懼的表現。

不過，遺憾的是，技術的發展會在一定程度上限制人類的想像力，就像 100 多年前的人沒有網路的概念，更無法想像什麼是「萬物互聯」。

不過，我相信腦科學的未來，也許比科幻更加科幻。

小結

在這一章中，我們乘坐時光機回顧了神經科學與認知科學的誕生與發展歷史。作為腦科學的「硬體學派」和「軟體學派」，神經科學與認知科學的歷史正是腦科學的歷史。除此之外，我們還簡單地對腦科學的未來發展進行了一些展望，正是這些看起來既神祕又酷炫的未來，吸引著無數科學家孜孜不倦的研究。如果你對大腦也同樣感興趣，就請繼續讀下去，希望對你認識腦科學有所幫助。

大腦猶如我們人體的司令部，支配著我們的思想、行動、情緒，乃至潛能，其重要性不言而喻，而腦科學卻能讓我們去揭開這層神祕的面紗。腦科學為什麼很酷？ Because it is the only case in the world when an operating system is attempting to study itself.（因為世界上只有在這個學科中，一個作業系統正在研究它本身）。

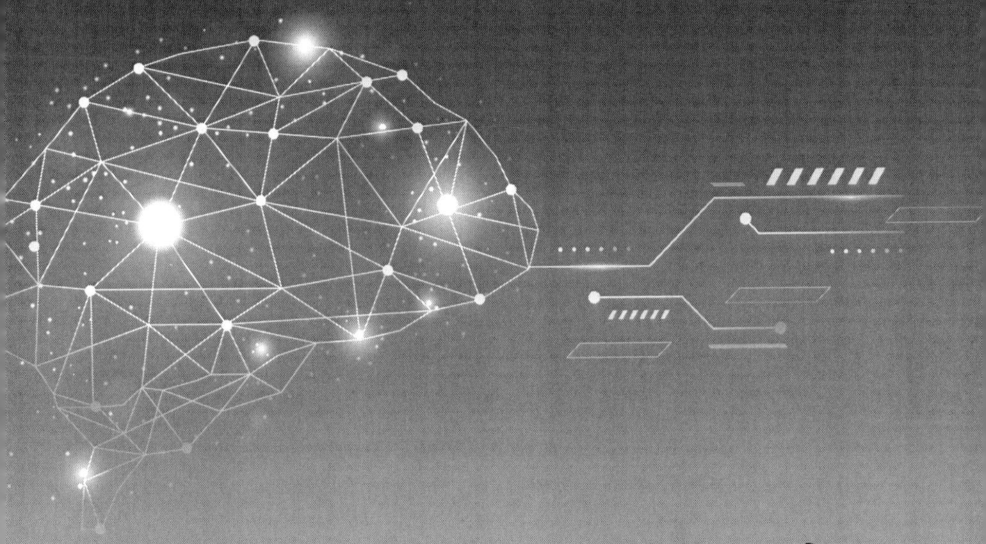

第二章

神奇的大腦

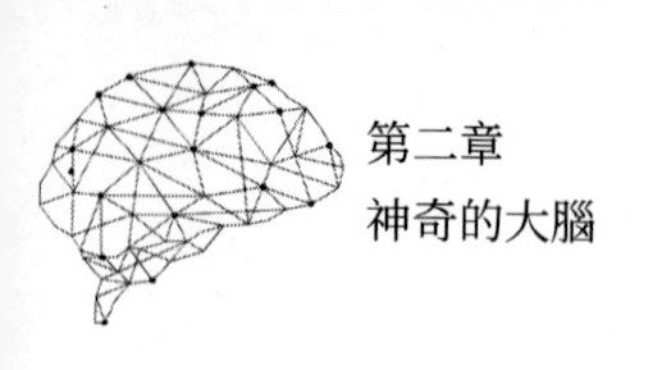

在我們的身體裡含有上百億甚至千億個神經元細胞和神經膠質細胞，這些細胞構成一個龐大而複雜的訊息網路——神經系統。神經系統是對機體內生理功能活動調節發揮主導作用的系統，分為中樞神經系統和周圍神經系統兩大部分。而我們最複雜、最神祕也是最引人探索的器官——大腦，正是中樞神經系統中的重要一員（本書之後提到的神經系統，泛指中樞神經系統）。

大腦的複雜性不僅展現在其神經細胞和膠質細胞的數量龐大，更展現在神經纖維間錯綜複雜的連繫。想要走近我們神祕的大腦，第一步最好還是從它的一些基本知識入手，比如大腦是由什麼構成的？他們如何傳遞訊息？相信在學習了本章有關大腦神經基礎及其資訊交流的知識之後，你會對大腦有更好的理解。準備好了嗎？開往大腦的列車即將出發！

走進大腦的微觀世界

在學習一門知識或探索一種事物時，我們通常會從它的基本單元入手。同樣的，科學家在研究大腦時也通常採用這種「還原主義」策略，由點到面，透過區域性進而了解整體。在這一小節中，我們就從微觀的角度來簡單了解大腦。

如果將大腦比作一座繁忙的城市，那麼大腦中最小的工作單元——神經元就是在城市中安居樂業的居民，它們在這座「城市」中井然有序地辛勤工作。除了神經元之外，我們的大腦中還有一種默默無聞的細胞——膠質細胞，它們好比城市中的後勤保障系統，對大腦的正常運作發揮著重要的作用。有的膠質細胞組成了網路，能夠把神經元固定住；有的則擔任著巡邏與修護的職能，為神經元的正常工作保駕護航，它們各司其職又相互合作，組成了一座和諧友好的「模範城市」。接下來，就讓我們一起鑽進大腦，看看這座城市裡的「人們」都在忙些什麼吧。

神經系統的居民：神經元

其實，將大腦比作一座繁忙的城市並不恰當。別誤會，這裡並不是指辛勤工作的神經元們不夠繁忙，而是大腦中的「居民」數量已經遠遠超出了「城市」的級別。實際上，整個地球上的人口數都遠不及一個大腦中神經元的數量。按照數量級來說，科學界一般認為，人腦中有 1,000 億個神經元。曾經有人比喻「假如 1 個神經元是 1 秒鐘，也就是秒針滴答一小格，要想把人腦的神經元都滴答一遍，至少需要 3,100 年」。也就是說，如果 1 秒數 1 個神經元，那麼我們需要從商朝商紂王開始，不眠不休地數到今天，才能把大腦裡的神經元都數完一遍。這可是個天文數字！而這僅僅只是大腦中的神經元數量。另外，神經元們並不僅僅居住在大腦中，它們還生活在神經系統的其他部位，比如脊髓、眼睛、耳朵等，跟隨神經系統遍布我們的全身。

那麼這些居民都長什麼樣子呢？一般來說，神經元主要由細胞體和突起組成，根據形態不同會對應不同的功能。圖 2-1 所展示的就是神經元細胞的基本結構，其中細胞體主要負責維持神經元的新陳代謝，是神經元的「本體」，由細胞膜、細胞核、細胞質、粒線體、核糖體等結構組成。神經元突起是由神經元細胞胞體延伸出來的細長部分，根據形態和功能不同，神經元突起可分為樹突和軸突。

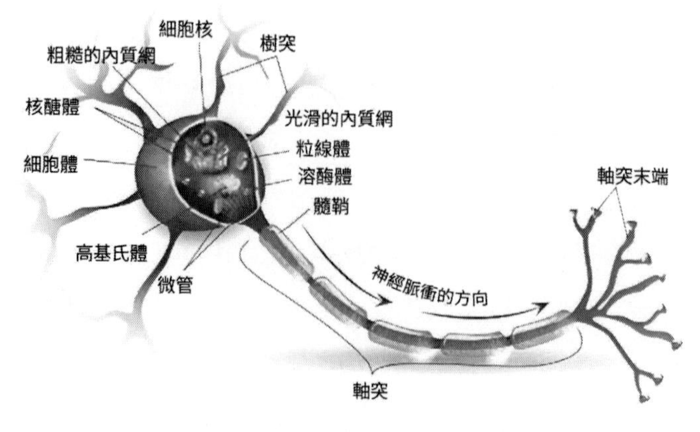

圖 2-1 神經元細胞的基本結構

樹突是從胞體發出呈放射狀的一到多個突起，「突」如其名，有的彷彿樹梢的枝條，有的彷彿海底的珊瑚，能夠接收其他神經元的軸突傳來的訊號。軸突長而分枝少，粗細均勻，常起於軸丘，像一條光纖似的將訊息傳遞給其他神經元。神經元細胞之間接收訊號的部位稱為突觸，正如剛才所說，樹突接收其他神經元的軸突傳來的訊號，故而樹突又被稱為突觸後，軸突被稱為突觸前。大多數神經元既是突觸前也是突觸後，當它們的軸突與其他神經元建立連線時是突觸前，當其他神經元與它的樹突建立連線時是突觸後。關於突觸的詳細介紹，我們將會在後文進行。

圖 2-1 所描繪的神經元是以脊髓運動神經元為模型的理想化神經元，實際上神經元具有多種形式。形態學相似的神經元傾向於集中在神經系統的某一特定區域，且具有相似的功能。我們雖難以做到了解神經系統中成百上千兆的神經元細胞，以及它們各自對腦功能有何獨一無二的貢獻，但將大腦內的神經元分門別類，探究不同類別神經元的功能卻是可行的。

解剖學家根據神經元突起的數目，將神經元分為 3 種或 4 種大類。如圖 2-2 所示為 3 種常見類型的神經元：單極、雙極和多極神經元。單極神經元只有一個遠離胞體的突起，這個突起能分支形成樹突和軸突末梢，常見於無脊椎動物的神

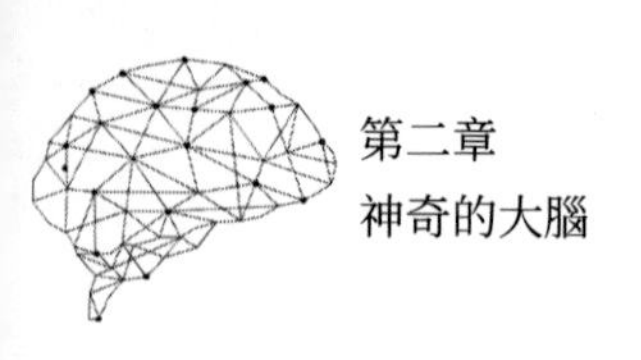

經系統。雙極神經元，顧名思義，就是具有兩個突起的神經元：一根樹突和一根軸突。這類神經元主要參與感覺訊息加工，例如，眼視網膜的雙極神經元。多極神經元具有發自胞體的一個軸突和若干個（至少兩個）樹突。它們廣泛分布於神經系統的多個區域，參與運動和感覺訊息加工，是大腦中數量最多的居民。我們通常所說的腦內神經元一般就是指多極神經元。

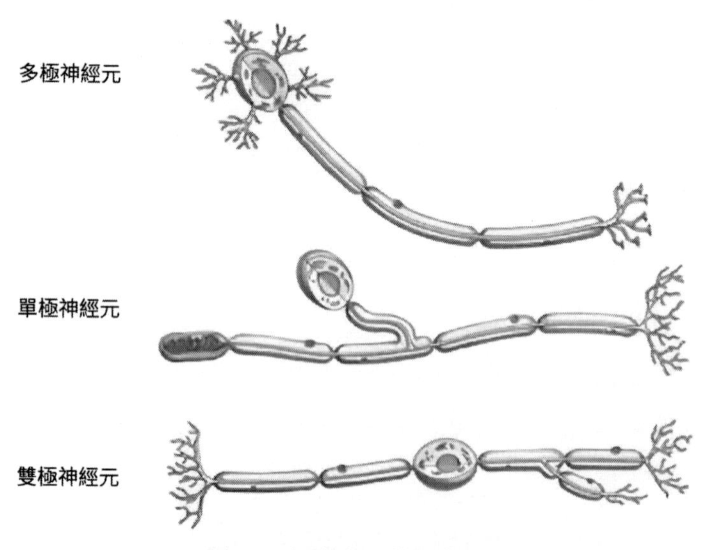

圖 2-2 不同神經元的細胞結構

除了神經元突起的數目，我們還可以按照樹突的形狀，神經元之間的連繫、軸突長度等對神經元進行分類，感興趣的話可以自行查閱了解。

總之，由於神經元胞體的形狀、大小、所處位置以及突起分支的數目、長度、模式、形狀、大小等各有不同，科學家們很難對神經元做出統一的分類，只能說「蘿蔔青菜各有所愛」，不過，其中接受度較廣的還是我們剛才介紹的兩種以突起的特徵來劃分的分類方法。

神經系統的後勤：神經膠質細胞

我們的生活離不開他人的幫助與服務。類似地，生活在大腦中的神經元細胞能夠正常執行功能，背後也離不開後勤細胞——神經膠質細胞的默默服務與保障。神經膠質細胞的數量遠多於神經元細胞，大約是其 10 倍，占腦容量的一半以上，相當於每一個神經元細胞背後配備 10 個膠質細胞來「服務」它。膠質細胞的英文名是 glial cell，glial 來自於希臘語中「膠水」一詞，原因在於 19 世紀的解剖學家相信神經系統內的膠質細胞主要發揮著結構支持的作用。的確，有些膠質細胞像膠水一樣，組成一個結構網路，能夠把神經元固定住；但是也有一些膠質細胞不那麼「安分」，在大腦中來回遊走，擔任著「城市」的監視與修護工作。

如圖 2-3 所示，中樞神經系統內主要有 3 種膠質細胞：星形膠質細胞、寡突膠細胞和微膠細胞。星形膠質細胞呈圓形或放射對稱形狀，是膠質細胞中最大的一種。它們圍繞著

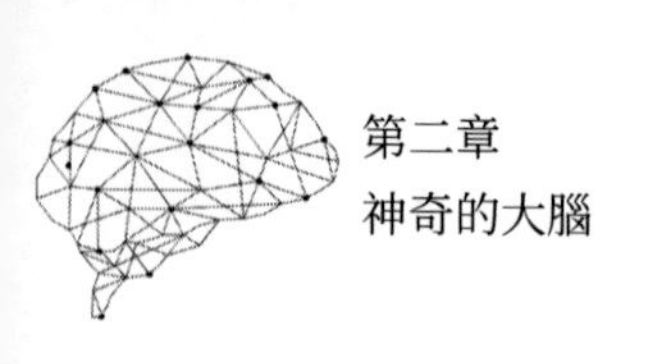

神經元並與腦血管緊密連線，在中樞神經系統與血液之間建構了一道血腦屏障。這道屏障可以選擇性地控制血漿中的溶質通過，阻擋某些血液傳播的病原體或過度影響神經活性的化學物質進入神經系統，保持大腦的環境穩定。它彷彿一條把關嚴格的護城河，在保護中樞神經系統中發揮著至關重要的作用。然而，血腦屏障的這種不完全通透性也給醫學界帶來了一些考驗。

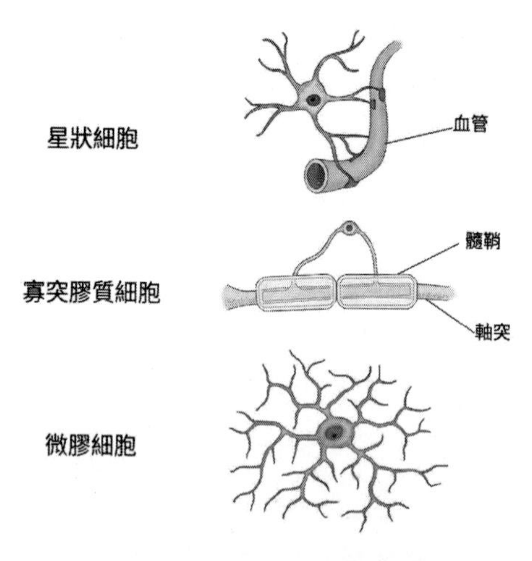

圖 2-3 中樞神經系統內的神經膠質細胞

如帕金森氏症，它是一種由於大腦中產生並運送多巴胺的神經元變性死亡，導致大腦多巴胺缺失的嚴重運動障礙疾病。患者的症狀常為靜止時手部抖動、肢體僵硬、走路時不能及時調整姿勢等。由於多巴胺不能通過血腦屏障，所以患者並不能直接透過血液注射多巴胺來補充腦內衰竭的多巴胺。

不過，聰明的科學家已經找到了解決這個問題的方法：利用血液中的多巴胺前體物質 —— 左旋多巴進行治療。左旋多巴能夠穿過血腦屏障，從而被神經元攝取可以轉化為腦組織的多巴胺。目前，左旋多巴製劑已成為了治療帕金森氏症最主要、最有效的手段。

寡突膠細胞比星形膠質細胞小，胞突短而少，是中樞神經系統中形成髓鞘的「主力軍」。髓鞘是包繞在許多神經元軸突外的脂類物質，在神經元的生長發育過程中，以同心方式纏繞軸突從而形成髓鞘。它們彷彿電線外的絕緣層，將中間的軸突保護起來，從而保證軸突內電流的傳遞。此外，有髓軸突的髓鞘被結節分隔成若干節段，由於它們是被一位法國組織學和解剖學家路易斯 - 安托萬 · 蘭維爾（Louis-Antoine Ranvier）發現的，因此被稱為蘭氏結（nodes of ranvier）。蘭氏結對神經元的訊號傳遞具有重要意義，關於這一部分，我們將在後面的章節中進行介紹。

微膠細胞是一種形狀小而不規則的神經膠質細胞，這就是我們之前提到的「不那麼安分」的膠質細胞。正常情況下，微膠細胞處於休息狀態，大約以每小時一次的頻率與神經元突觸發生直接接觸，監測突觸的功能狀態和神經元的活

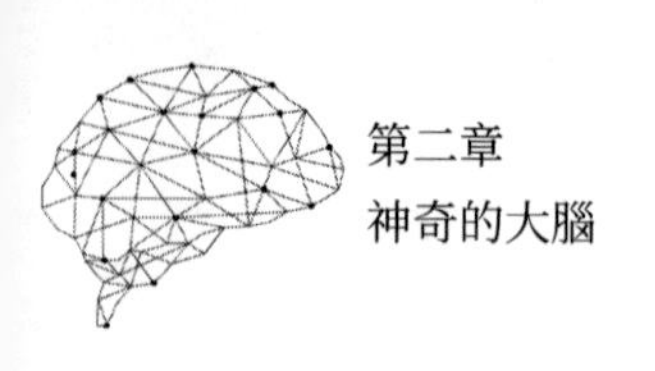

性。當腦內發生炎症、感染、創傷或其他神經系統疾病時，微膠細胞就會迅速被啟用。此時微膠細胞開始「變形」——胞體增大、突起變短、細胞形態呈圓形或桿狀，方便它們「穿牆」趕往受損部位。大量的微膠細胞抵達目標區域後將進一步調整自身形態呈阿米巴狀，以便發揮巨噬細胞作用，吞噬和清除受損的腦細胞。因此，作為城市中的監管者與清道伕，微膠細胞的形態學改變反映著自身的活化狀態，而其活化狀態又與腦內受損部位的嚴重程度密切相關。

神經細胞的交流：神經訊號

在前文我們介紹過，大腦這座城市中居住了非常多神經元，但是每個神經元並不是孤零零地獨自工作，它們像人類一樣需要不停地進行訊息溝通和共同合作。那麼，神經元和神經元之間是怎麼溝通的？打電話？傳訊息？都不是。人類可以通過無線電波進行溝通，但神經元之間的溝通可不行，它們需要靠真實的物理通路來傳遞訊息。神經元間的交流，有點類似大家小時候玩的「你劃我猜」的遊戲，需要一個一個地將訊息傳遞出去，但並非那麼低效，也不是只能一對一地傳遞訊息。

之前我們介紹過，每一個神經元的細胞體周圍都有四通八達的突起，如果將神經元的細胞體比作一部座機，那麼這些突起就是電話線。軸突負責撥打電話，幫神經元將訊息送到外部，樹突則負責接通電話，也就是從其他神經元接收訊息。向外撥打電話的軸突只有一條，但負責接電話的樹突可以有很多條。依靠軸突和樹突，每一個神經元都和數以千計的其他神經元有所連線，連繫非常緊密。

當這些「電話線」傳遞訊息時，傳導速度可以達到 100 公尺／秒，也就是 360 公里／小時，這和高鐵的速度接近。所以，其實在我們的大腦中有著不少小小的高鐵線，它們正以每小時 360 公里的速度，有序而高效地傳遞著神經訊號。除了這些飛速的「高鐵線」，大腦中有沒有速度慢一些的傳輸線呢？當然有，越細的傳輸線，傳遞神經訊號的速度就越慢。最慢的傳輸線，訊息傳遞速度大約是 0.5 公尺／秒，相當於一小時只能繞 400 公尺標準操場走四圈半。

不過，以上這些說法只是類比型的介紹，要想真正了解神經細胞的資訊交流，我們還要從訊號的產生說起。簡單來說，神經元能夠接收外界刺激，這些刺激可以是物理形式的，如眼睛接收的光線、耳朵聽到的聲音、皮膚感覺到的觸控、電突觸收到的電訊號等；也可以是化學形式的，如神經遞質，或環境中能夠使人產生感覺的氣味分子等。這些刺激會引起神經元細胞膜的變化，導致神經元膜內外的離子發生流動，從而產生動作電位。在大多數情況下，動作電位的結

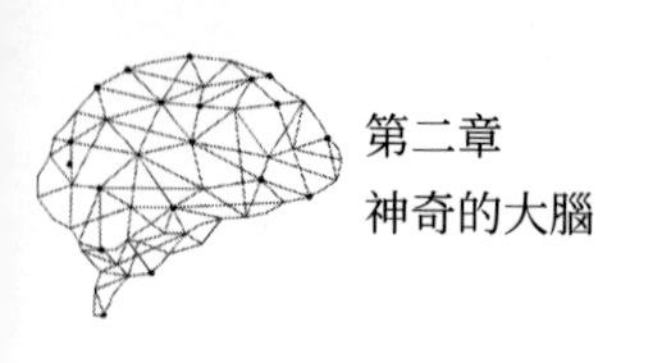

果是產生一個沿軸突下行傳播到軸突末梢的訊號，在那裡，最終引起突觸神經遞質的釋放。

我們都知道神經元細胞膜是一個磷脂雙分子層的結構，如圖 2-4 所示，托兩側圓圓的脂質分子的福，細胞膜能夠在細胞內外的水環境中保持完整並控制水溶性物質的進出。就像血腦屏障一樣，細胞膜也對經過它的物質有著選擇性通過的權力。對於離子、蛋白質和其他溶於細胞內外液體的物質而言，細胞膜就是一道屏障，畢竟能溶於水的物質都不能很好地溶於細胞質，因此它們便不能輕鬆地進出神經元細胞體。

動作電位的產生

神經元細胞膜有兩種狀態，一種是無事發生，保持靜息電位的狀態；另一種則是受到刺激，產生動作電位的狀態。而神經元的日常，就是在這兩種狀態間「反覆橫跳」，以完成受到刺激後在其內部傳遞訊號的工作。

在無事發生時，靜息狀態下的神經元細胞膜兩側存在著一個靜止膜電位（-70 毫伏，即膜內比膜外電位低 70 毫伏），為動作電位的產生「隨時待命」。當神經元受到刺激時，細胞膜在原有靜息電位基礎上產生一次迅速且短暫的向周圍和遠處擴散的電位波動，這種電位波動被稱為動作電位。

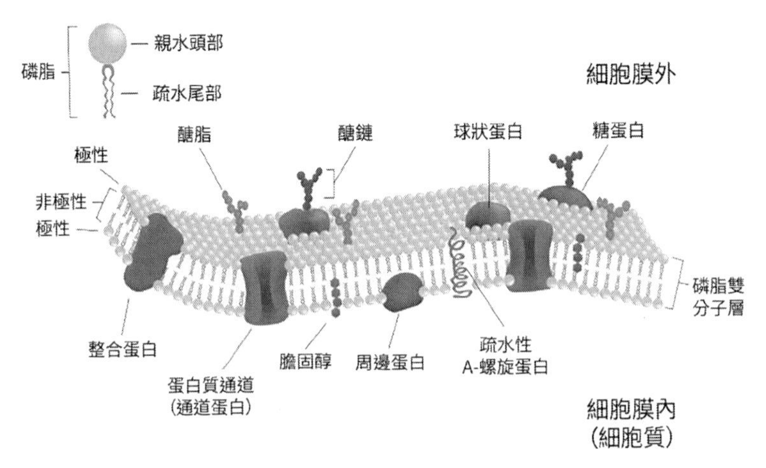

圖 2-4 細胞膜結構圖

動作電位的傳導

前文提到靜息態的膜電位就是外正內負［圖 2.5（A）］。實際上，某區域產生的動作電位會影響到周圍正處於靜息態的區域。這很好理解，因為興奮區域的細胞膜內外兩側的電位差會發生暫時的翻轉，即由外正內負轉為內正外負，與周圍的靜止膜之間形成電位差，從而產生區域性電流。如圖 2.5（B）中所示，在膜內側，電流從靜止膜流向興奮膜；在膜外側，電流由興奮膜流向靜止膜，結果使原先靜息區域的細胞膜內外發生同樣的電位變化。因此，在圖 2.5（C）中可以看出，所謂動作電位的傳導其實就是興奮膜向後移動的過程。

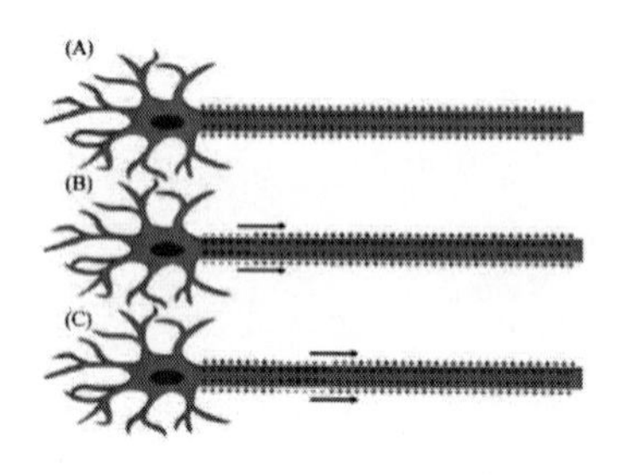

圖 2-5 動作電位傳導示意圖

你可以將這種傳導過程想像為傳球遊戲：球的傳遞代表了興奮沿軸突的下行傳遞。然而，如果傳球的人彼此間距離很遠，則有可能出現不能把球及時傳遞下去的情況。類似地，如果下一個具有電壓門控離子通道的軸突部分距離太遠的話，電流長途跋涉到達該處時，可能已經衰減得無法啟動動作電位。那麼，這個問題要如何解決呢？答案很簡單，只需要盡可能地減少電流在長途旅行中的衰減就可以了。

試想一下，對於一條水管，其粗細會影響水流的流動，管壁的密閉程度也會影響水流在管內流動的距離。同樣，神經元細胞的軸突也可以看作一條水管，動作電位的傳導就好像水的流動，軸突內的電阻相當於水流在水管中流動受到的阻力，細胞膜的電阻大小對應於水管管壁的密閉程度。可見，透過降低軸突內電阻或增加細胞膜電阻，可以使電流流動更為有效，也流得更遠。那麼，具體該如何做？

正如增加水管的直徑那樣，降低軸突內部電阻最有效的方法也是增加其直徑，較大直徑的軸突可以使傳遞動作電位更為迅速。但是，對於大型動物，尤其是長頸鹿來說，為了逃避捕食者，要實現足夠快地從大腦至後肢運動神經元的訊息傳遞需要多大的軸突直徑？答案是非常大。此外，肌肉的控制需要許多運動神經元的驅動，而所有的運動神經元還要包裹於脊髓內，再加上數量多於神經元的神經膠質細胞，長頸鹿的脊髓將會變得非常粗，這顯然是不科學的。因此，大型動物想要生存，就必須用其他方式解決這個難題。

髓鞘解決了這個難題，而這也是軸突在保證動作電位有效傳導時採取的另一種方法 —— 包繞在神經元軸突周圍的髓鞘提高了細胞膜電阻。髓鞘是以同心纏繞的方式包繞在軸突周圍的多層脂質結構，它彷彿電線外的絕緣層，使電流能夠沿軸突傳遞得更遠。電流沿著有髓鞘軸突向下快速傳遞，最終只在髓鞘中段的蘭氏結處產生動作電位。因此，看起來動作電位似乎是從一個蘭氏結跳到另一個蘭氏結，這種傳導被稱為跳躍式傳導。透過這種傳導方式，哺乳動物的神經能以每秒 120 公尺的速度傳導訊號，相當於 3 秒左右就能繞 400 公尺操場一圈，這是相當快的速度！

突觸傳遞

前面我們介紹的只是訊號在神經元內部的傳遞，而神經元之間的交流才是大腦有條不紊工作的基礎。要實現這一點，神經元之間必須要傳遞訊號。之前我們將神經元間的交流比作利用電話線打電話，實際上，神經元間的訊號傳遞是

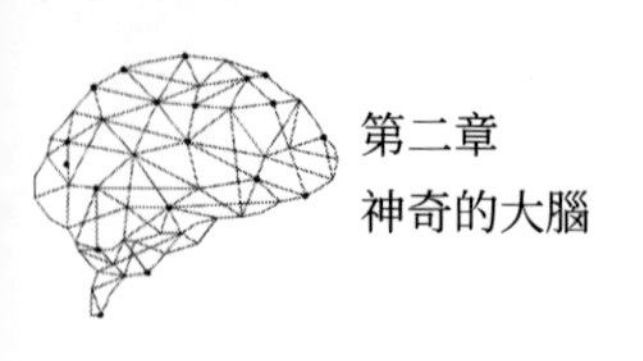

通過突觸完成的，這種傳遞方式被稱為突觸傳遞。突觸有兩種類型：化學突觸和電突觸。

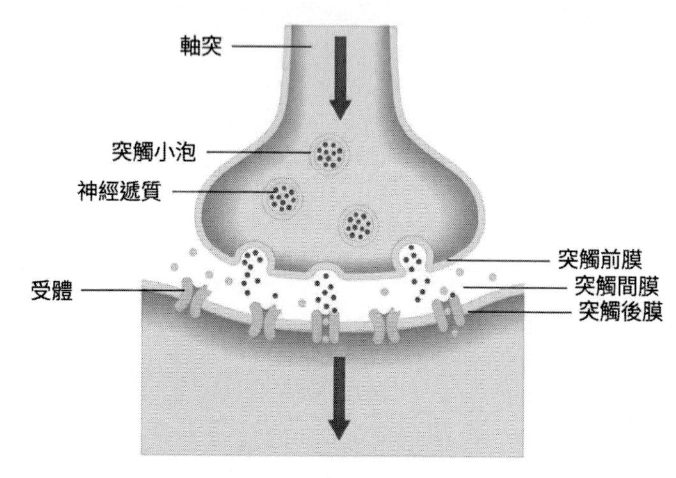

圖 2-6 化學突觸基本結構

化學突觸是最常見的突觸種類，如圖 2-6 所示，化學突觸由突觸前膜、突觸後膜和突觸間隙組成。在多數情況下，一個動作電位到達突觸小體所在的軸突末梢，該動作電位可引起軸突末梢去極化，導致 Ca^{2+} 通道開啟，使 Ca^{2+} 內流。Ca^{2+} 在細胞內發揮信使的作用，即可以透過幾步中間的生化步驟使訊號放大。在此過程中，突觸小體中的突觸小泡包裹著神經遞質向突觸前膜移動，像船停靠在碼頭一般著位於細胞前膜的蛋白質上。隨後，細胞內 Ca^{2+} 濃度的增高導致突觸小泡與突觸前膜融合，並將其中包含的神經遞質釋放至突觸間隙。神經遞質在突觸間隙內擴散至突觸後膜，如圖 2-6 所示，與嵌在突觸後膜的受體結合後，改變突觸後膜的離子通透性，使其電位發生變化。受體是一種化學門控離子通道，一種受體只會與一種物質（即配體）結合，就像一把鑰匙開一把鎖那樣，當受體的「鎖」被開啟後，離子通道便開放了。透過與配體的特異性結合，受體使細胞在充滿無數生物分子的環境中，辨認和接收某一特定訊號。

與突觸後膜結合後剩餘的神經遞質最終都去哪了呢？答案是被清除了。若不這樣做，它將持續對突觸後膜產生影響，導致突觸後膜持續興奮或抑制，這樣會導致神經元要麼「被累壞身體」，要麼「開始鬱鬱寡歡」。清除神經遞質的方式主要有 3 種：第一種是突觸前膜末梢的主動重攝取，透過一種跨膜蛋白作為媒介，將神經遞質泵回到突觸前膜內；第二種是突觸間隙內的酶降解；第三種是透過擴散使其遠離該突觸或作用區域。具體細節會在高中階段的課本中學到，這裡不再多述。

電突觸傳遞訊號與化學突觸最大的區別在於，電突觸沒有突觸間隙，兩個神經元之間由細胞膜相互接觸。電突觸傳遞時依靠電流通過細胞膜引起膜電位變化，突觸前神經元的動作電位到達軸突末梢，產生區域性電流，引起突觸後膜膜電位變化，從而引起突觸後神經元的動作電位。

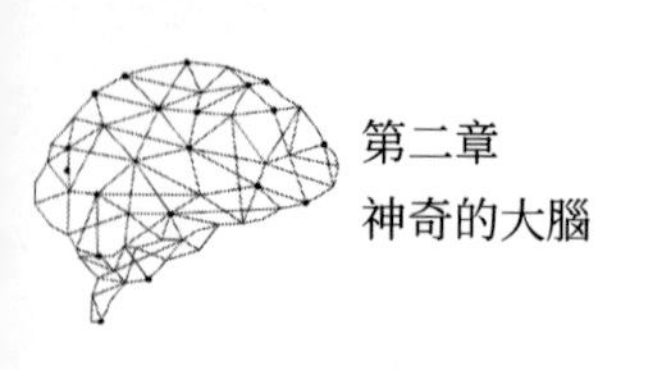

透過本小節的學習，相信你已經對大腦內部的「悄悄話」——神經元訊號有了一定了解。沒錯，大腦在獲得、傳遞，包括後續的處理訊息時，使用的其實就是電訊號和突觸間的化學訊號。

大腦的宏觀組成

大腦這座神奇的「城市」作為人體最重要的中樞，無時無刻不在進行著神經元的資訊交流。2000 年，諾貝爾生理學或醫學獎得主、哥倫比亞大學教授 Eric Kandel 在他的《*Principles of Neural Science*》一書中說：「我們整個人類行為的複雜性，與其說是建立在不同的神經元上，不如說是依賴於神經元與神經元之間組成的這種具有精確功能的神經環路和神經網路上。」事實上，我們大腦中有千億個神經元，每個神經元都和超過 1,000 個其他神經元有所連線。試想一下，由它們構成的神經連線以及各種尺度的神經網路，將是多麼龐大的數量級！接下來，我們便從宏觀角度切入，認識人腦的整體構造，從另一個角度理解這座「城市」。

看一個大腦，分幾步？

現在，作為參觀者的我們已經鑽出了大腦，恢復了日常觀察事物的尺度大小。那麼接下來，我們就從宏觀角度觀察大腦的組織結構。

為了看見一個大腦，需要分幾步？我們需要穿過哪些人體組織？首先，腦袋的最外面是頭髮，在頭髮的覆蓋下，是我們的頭部表皮層和皮下組織，也就是我們平時說的「頭皮」。在頭皮的包裹下，是保護著我們大腦的一個很結實的容器——顱骨。顱骨之下是 3 層很重要的膜，從裡到外分別是：硬腦膜、蛛網膜和軟腦膜，如圖 2-7 所示，可以看到，我們的大腦在這幾層膜的包裹下裝在顱骨裡面，就像在一個碗裡裝了一塊被保鮮膜包裹著的豆腐。而「碗壁」與「豆腐」間還有很多空隙，這些空隙中填充了一種液體——腦脊液。

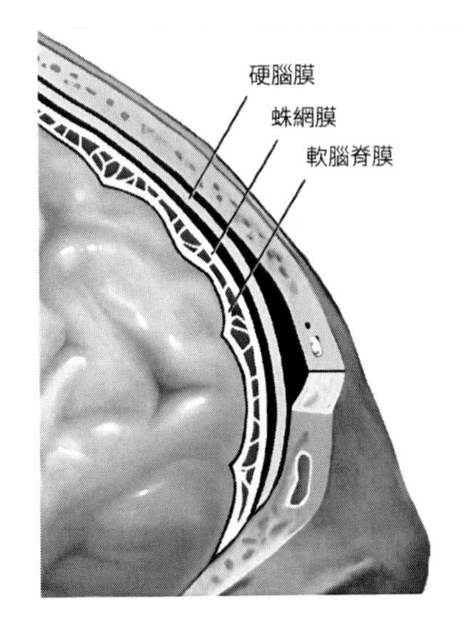

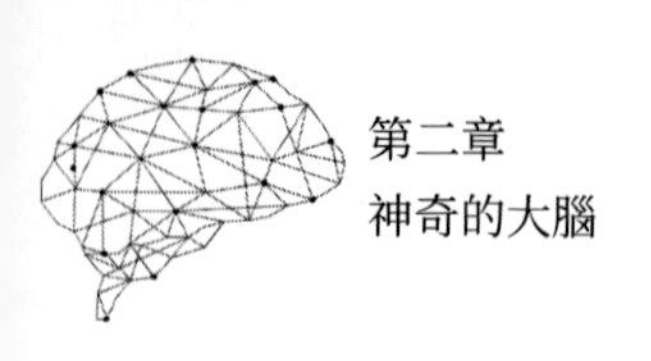

腦脊液的第一個作用，是為我們的大腦提供緩震，不要小看這個作用，如果沒了腦脊液，可能我們一些最日常的頭部活動，如一個猛轉頭，大腦就會因為慣性而在顱骨裡面撞來撞去。腦脊液的第二個作用，則是為腦神經組織提供營養代謝等功能。當我們一層一層地穿過這些組織，最終呈現在眼前的便是一個有些粉嫩的、正在輕微搏動的大腦，它提醒著我們這是一個活生生、有思維、有情感、有自我意識的神奇器官。

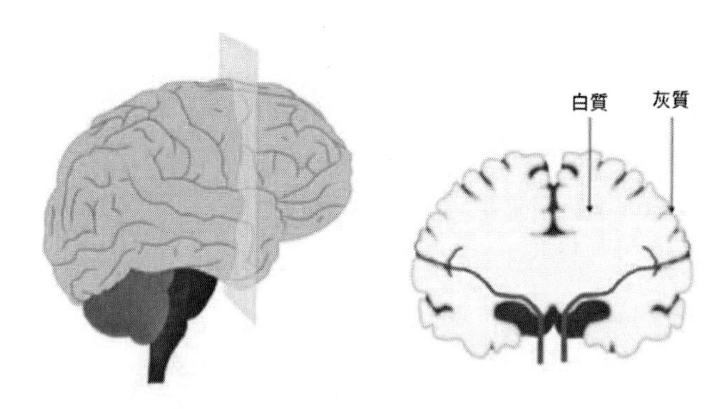

圖 2-8 大腦灰質與白質

如圖 2-8 所示，大腦由前腦、小腦和腦幹構成。前腦包括端腦和間腦，由大腦左右半球和間腦組成，是人腦最大的結構。端腦包括兩個左右對稱的大腦半球和胼胝體，也是我們看到「大腦」時最吸睛的部分。細心的你也許會注意到，在大腦左右半球的表面，有許多凹凸不平的褶皺，這些褶皺的表層我們通常稱為大腦皮質，又稱灰質。大腦灰質主要由神經元胞體構成，可以說，大腦大部分神經元的胞體都集中在灰質上。雖然西瓜青色的表皮是我們不怎麼吃的地方，好像也沒什麼用處，但是對大腦來說，大腦皮質卻是大腦活動最為密集的地方，是人類思維活動的物質基礎，也是調節機體所有機能的最高中樞。在灰質深處有著與之相對應的大腦白質，它主要是由神經元中負責「打電話」的軸突構成，其主要功能就是把一個灰質皮層區域的訊息，傳輸到另一個灰質皮層區域中去，類似於連線不同城市的高鐵線路，可以把不同城市的訊息進行有效的傳輸。

間腦主要由丘腦和下視丘組成。如圖 2-9 所示，丘腦位於間腦背側，是皮質下區域和大腦皮質之間傳遞訊息的主要結構，向大腦皮質傳遞各類感覺訊號，具有調節意識水準、睡眠和警覺性等多種功能，被認為是皮質下核團與大腦皮質訊息傳輸的通道。下視丘位於大腦基底部，對自主神經系統和內分泌系統十分重要。它可以合成和分泌某些神經激素，這些激素反過來刺激或抑制垂體激素的分泌。此外，下視丘還負責自主神經系統的其他功能，參與調動機體活化。例如，當人受驚嚇時，下視丘協調軀體本能地活化，調節自主神經系統，促使心率上升、骨骼肌供血增加。而在休息時，下視丘調節自主神經系統，在確保腦的營養基礎上增加腸胃蠕動，促使血液進入消化系統。

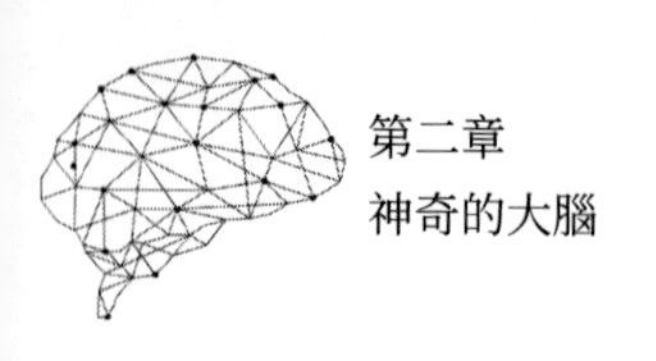

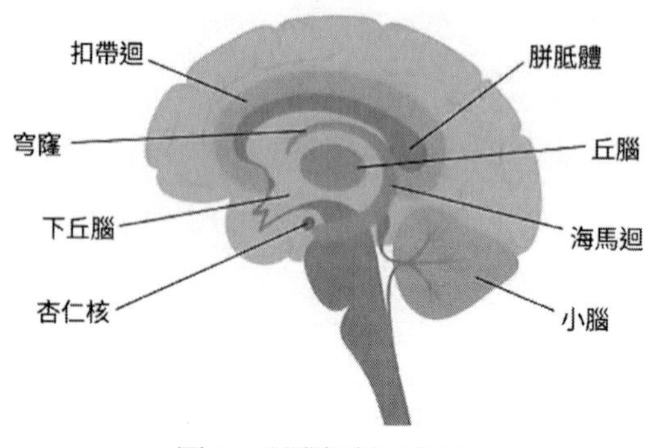

圖 2-9 間腦解剖示意圖

此外，下視丘還具有控制體溫、飢飽、依戀行為、口渴、睡眠和調節晝夜節律等功能。

小腦，顧名思義為小的大腦，如圖 2-9 所示，是一塊覆蓋於腦幹結構上部、處於腦橋水平位置的神經結構。小腦雖然只占大腦總重量的 10%，但其包含的神經元和迴路比大腦的其他部位都要多。小腦能夠調節運動控制，維持身體平衡，它並不直接控制運動，而是透過整合有關身體和運動指令的訊息來調節運動。除此之外，還參與一些認知功能，如注意力和語言等。

腦幹位於大腦後部，自下而上由延腦、腦橋和中腦組成。延腦部分下連脊髓，與腦橋共同構成後腦。從脊髓到延腦、腦橋、中腦、間腦、大腦皮質，大腦結構和功能變得越來越複雜，但這並不意味著腦幹的功能僅僅是輔助性的。腦幹處於脊髓以上中樞結構的最底部，發揮著「承上啟下」的作用，所有從身體傳遞到大腦和小腦的訊息都必須經過腦幹。除此之外，腦幹還具有控制心血管系統、呼吸、疼痛、警覺性、意識等與生命相關的功能。因此，腦幹損傷是一個非常嚴重，甚至會危及生命的問題。

大腦地圖

眾所周知，地圖是按照一定的法則，有選擇地以二維或多維形式在平面或球面上表示某地區若干現象的圖形或影像，能夠科學地反映出自然和社會經濟現象的分布特徵及其相互關係。假設我們週末想要去一家新開的商場消費，首先就需要透過地圖準確地得知它的定位。而我們的大腦，也是有「地圖」的。有人將大腦這座城市的地圖分為了 3 種模式，分別是行政地圖、道路地圖和功能地圖。接下來我們就來了解大腦這份地圖要如何使用。

行政地圖：腦葉行政地圖就是區劃圖，如臺灣有臺北市、新北市；桃園市等，大腦也有不同的分區，我們將其稱為腦葉。如圖 2-10 所示，根據大腦的解剖學分區，可以將其主要分為 4 個葉：額葉、頂葉、顳葉和枕葉。如果將邊緣系統稱為邊緣葉，就是 5 個葉。這些腦區的名字來自於對應顱骨的解剖位置。額葉是額頭部分對應的腦區；頂葉是頭頂的區域；顳葉對應我們耳朵上方的區域；而枕葉則是我們平躺睡覺時，後腦勺枕枕頭的區域。

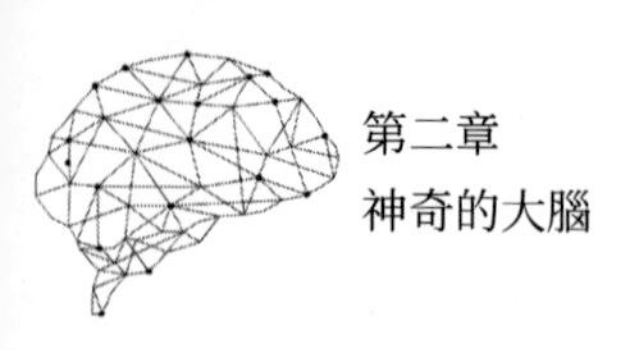

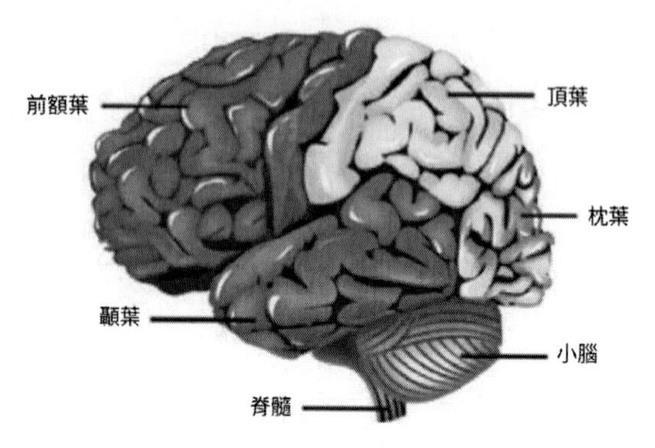

圖 2-10 大腦的腦葉劃分

劃分城區時，不同的區域承載著不同的城市功能。額葉與軀體運動、語言和各類認知加工以及情緒管理功能有關，擅長進行訊息的深度加工和預測。頂葉中的初級軀體感覺和次級軀體感覺區接收痛覺、觸覺、溫度感覺以及本體感覺等訊息，並在頂葉中把不同的感覺訊息整合在一起。枕葉是最小的腦葉，擅長處理視覺訊息。顳葉包括聽覺、視覺和多通道加工區域，還有與語言有關的皮質，該區域損傷將導致失語症。此外，顳葉還與知覺和記憶功能相關。邊緣葉位於大腦內側顳葉下方，屬於大腦的「城郊區域」，由扣帶回、下視丘、丘腦前核、海馬、杏仁核、眶額皮質和部分基底神經節構成，參與人腦的情緒、學習和記憶的加工。

你也許會對海馬和杏仁體有所耳聞，儘管它們聽上去似乎與大腦有些格格不入，實際上它們的名字來源於其形狀，如圖 2-11 所示，是一種「象形名字」。海馬，是一個形似海馬的結構。它能夠短暫儲存外界訊息，將其傳輸至皮層，形成對刺激的長期記憶。該區域參與學習、記憶過程，並在空間記憶和情境記憶中發揮著重要作用。杏仁核是形如杏仁狀的核團，參與情感反應和社會性過程。如果你每次在考試前都會感到焦慮不安、手足無措，這並不是因為你將這種恐懼「刻進了 DNA 裡」，也許是因為你對這些事情的負面情緒已經「刻進」了杏仁核裡。

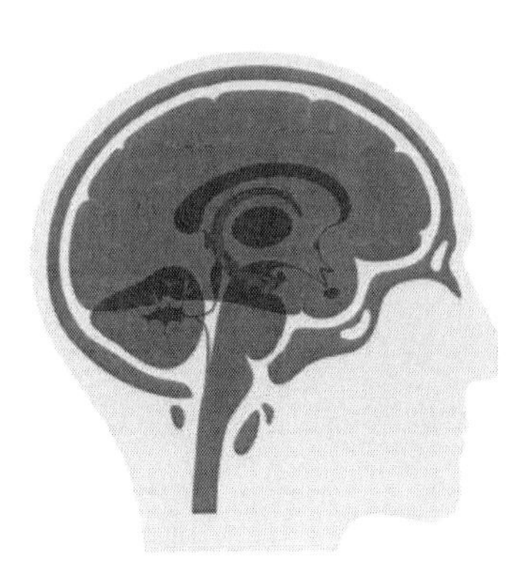

圖 2-11 海馬（紅）解剖示意圖

道路地圖：溝迴

圖 2-10 中我們可以根據顏色清楚地區分各個腦區，但是對科學家來說，他們是如何對腦葉進行劃分的呢？在我們的城市裡，各個區的劃分，往往是以某條路作為界限，比如路

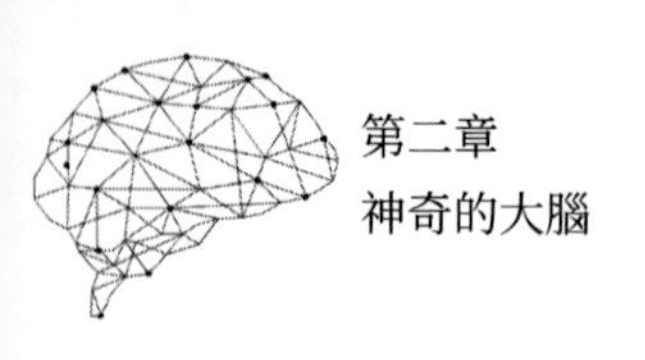

的這邊是文山區，路的那邊是信義區。腦葉的劃分也類似這樣，是以一些顯著的結構來進行劃分的。前文中我們講到，大腦的表面有凹凸不平的褶皺。人們把凹進去的地方叫作腦溝，凸起來的地方叫作腦迴，這些錯綜複雜的溝迴就像城市地圖上的道路一樣，往往可以作為我們定位腦區的參照。

那麼，這些溝迴都是如何被命名的呢？平常我們在命名道路的時候，經常會使用區域加方位，比如中山北路、南京東路、重慶南路等，大腦溝迴的命名也是這樣。不過在大腦中顯然沒有東西南北這種說法，我們常用「上下」、「前後」、「內外」及「腹側和背側」來描述大腦中的相對方位，如圖 2-12 所示。「上下」很好理解，靠近頭頂的就是上，靠近脖子的就是下；「前後」也很好理解，靠近額頭方向的是前，靠近後腦勺方向的是後；而「內外」是以大腦的中心軸為參照，靠近鼻子的就是內側，靠近耳朵的是外側；至於「腹側」則是靠近我們肚子所在的一側，「背側」是靠近後背的一側。現在，掌握了「上下」、「前後」、「內外」及「腹側和背側」，我們基本上在大腦裡就不會迷路了。可以透過幾個例子來實踐一下，例如：額上次是額葉中最靠近頭頂的腦迴；外側枕回是枕葉中靠近耳朵的部分等。同樣的，大腦皮質區域也可以利用方位進行描述，如之前提到的前額葉皮質，就是額葉中最靠近額頭的區域；而內側顳葉則是顳葉中最靠近大腦中央的區域等。

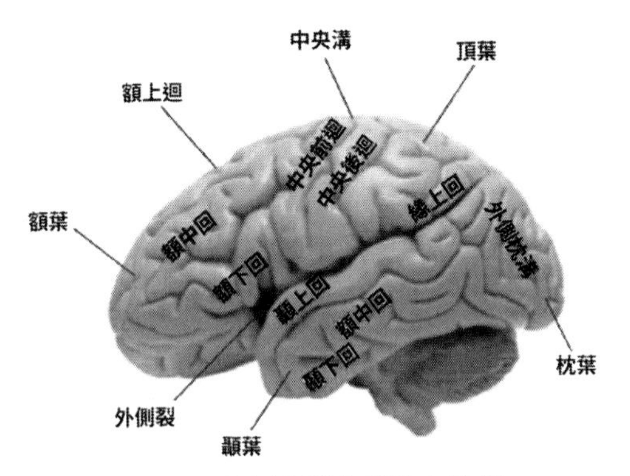

圖 2-12 人類大腦皮質的左檢視

基隆路是臺北市家喻戶曉的主幹道，為臺北市東側的南北向主幹道之一，其實在我們大腦縱橫交錯的道路中也有這麼一條「基隆路」，它的名字叫作中央溝。如圖 2-13 所示，中央溝幾乎從中間縱貫我們的大腦兩側，是額葉和頂葉的分界線。其周圍凸起來的部分我們稱之為中央前迴和中央後迴，這兩條腦迴對我們日常生活非常重要。中央前迴是我們的初級運動皮層，所有對身體不同部位運動的控制都是由它參與完成的；中央後迴是軀體感覺皮質，顧名思義，我們身體上的大部分感覺都由這部分感覺皮層來處理。

1940 年代，懷爾德．潘菲爾德（Wilder Penfield）醫生和他的同事利用腦外科手術的機會研究了病人在清醒的情況下直接刺激皮質的反應，並發現了病人的身體表面和上述這兩片皮質區域之間有一種地形上的對應關係。透過把身體各部分畫在運動和軀體感覺皮質的冠狀切面上，他們得到了一

張著名的圖 —— 皮質小人，如圖 2-13 所示。

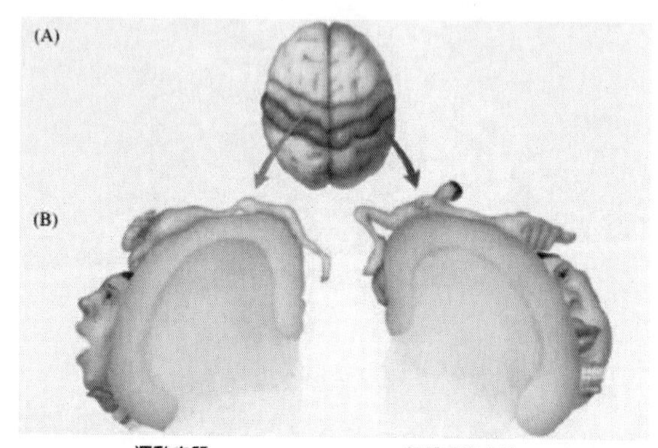

（A）中央前迴（藍）與中央後迴（紫）；（B）皮質小人模型

圖 2-13 中央回示意圖

從圖 2-13 中可以看到，我們主要身體部位的實際大小和該部位皮質表徵的大小之間並沒有直接的關係。如運動小人的手指、嘴部和舌部肌肉遠大於正常人的身體比例，這表明當我們在操縱物體和說話時有大片皮質區域參與精細調節。

功能地圖：腦區

我們知道，人腦有許許多多功能，不僅能夠處理來自感覺器官的各種訊息，還能夠進行運動控制、認知控制、產生情緒和情感等高級認知活動。這些不同的心理體驗以及行為背後，對應的大腦活動也不盡相同。對於這些大腦活動的描述，光靠大腦的結構圖是不夠的，我們還需要一張大腦功能地圖。

人類嘗試去繪製大腦功能地圖，已經有 100 多年時間了，學者們按照多種方式對皮質進行分區，哪怕是現在，這個繪製活動也還在進行中，在這些分區中應用最廣的是布羅德曼分區系統。20 世紀初，科比尼安．布羅德曼（Korbinian Brodmann）透過分析細胞和組織形態之間的差異，將大腦皮質劃分為 52 個代表不同功能的區域。不過，經過研究者們多年的探索與修正，現在的標準版本比布羅德曼的最初版本省略了一些腦區，如圖 2-14 所示，不同區域執行不同的功能。例如，布羅德曼 1 區（一般稱作 BA1）表示初級體感覺皮質，BA4 是初級運動皮層，BA17 為初級視覺皮層，BA41 和 BA42 為初級聽覺皮層等。

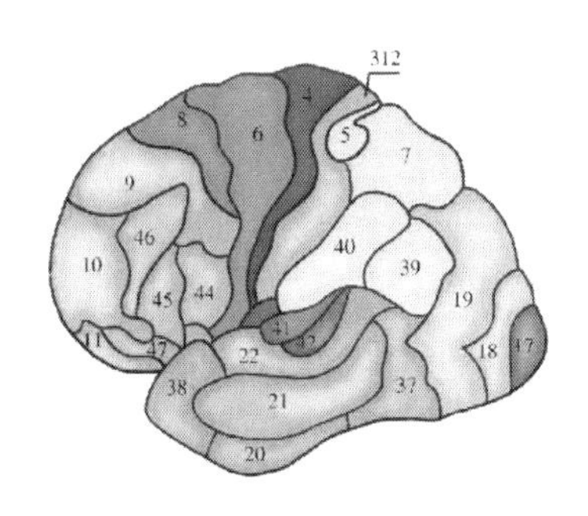

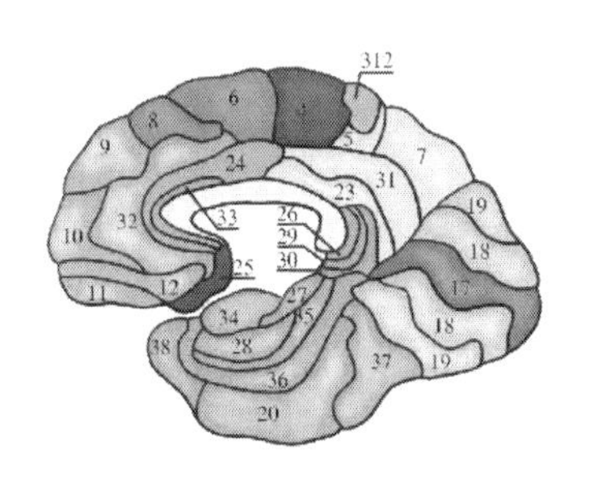

額葉
初級運動區
補充運動區

顳葉
初級視覺區

頂葉
初級軀體感覺區

枕葉
初級聽覺區

圖 2-14 左半球側面觀（A）與右半球內面觀（B）的大腦 Brodmann 分區

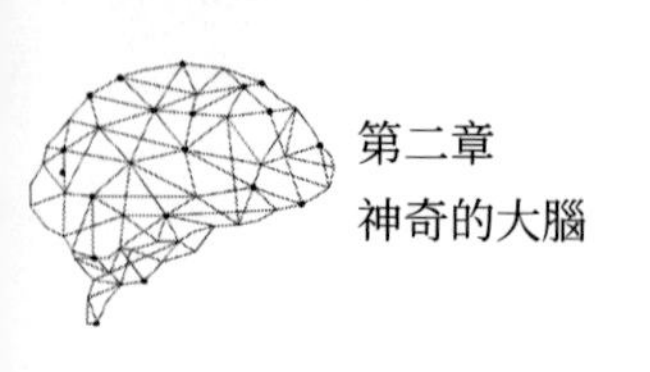

儘管不同的科學家可能對大腦的功能區域劃分不同，但是有幾條規律卻是大家都心照不宣地認可的。

第一，大腦中的「居民們」非常團結互助。即使是一個最基本、最簡單的大腦功能，也不是由單獨一個神經元完成的，往往是多個神經元一起來做同一件事情。

第二，大腦中的「居民們」也存在聚居地。承載著相同或類似功能的神經元，以及神經元群，往往聚在一起生活，也正是基於這條規律，才有了「腦功能區」的概念。

第三，大腦也有「網際網路」，透過這個網路，居民們共住「大腦村」。近幾年，越來越多的研究者發現，大腦較為複雜的功能，往往是由幾個小的功能區之間合作完成的。每個腦功能區不僅要完成自己的工作，還要不停地和其他腦功能區交換訊息、溝通工作進展、分享工作成果。這些不同腦功能區之間的交流，就形成了腦功能網路，而這個腦網路中每一個腦功能區，就是這個網路中的一個節點。

總而言之，人類的心理活動和行為千變萬化，如何繪製更精細的腦功能區圖譜，為人類探索大腦提供更好更準的地圖，是現在腦科學領域不斷追求的目標之一。

大腦的可塑性

你認為人類大腦會發生變化嗎？

2005 年《科學》（*Science*）雜誌上的一篇文章報導，科學家發現一個和人類大腦大小發育相關的基因，這個基因被稱為「異常紡錘形小腦畸形症相關基因」，它最近的一次更新，是在 5,800 多年前。正是由於這個基因的更新，人類才產生了較大的腦容量，並獲得了較好的認知和學習能力。5,800 多年前是什麼概念？要知道，我們常說中華文明上下 5,000 年，和它的更新時間相比竟然還少了將近 1,000 年的時間。換句話說，現代人類出生時自帶的大腦，它的「預裝系統」和容量大小其實與炎帝、黃帝、孔子、孟子、秦皇漢武等人並沒什麼太大的區別，我們都在使用最新版本，是不是感到很驚訝？

但是你可能會想：我雖然不一定會比孔子有學問，但我至少會比和他同一時代的普通百姓聰明吧？請放心，雖然大家的「預裝系統」都是一樣的，但是在這個基礎上，由於我們接觸到的外部環境、社會環境、受教育的程度、人生經歷的不同等這些複雜的因素影響，我們的大腦在不斷發生著或

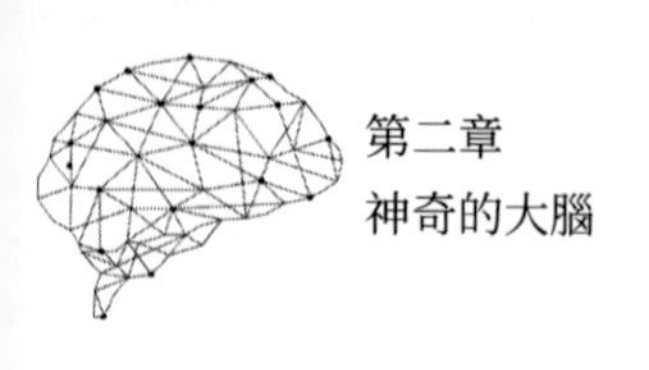

大或小的改變。也就是說，接受過現代教育的你，一定是比古代的普通百姓聰明得多。

在「大腦」這一部分中，我們已經學習了許多關於大腦結構和功能的知識，這些知識都是靜態且統一的。但是每個人都有獨一無二的大腦，哪怕是同一個人，大腦在他青少年時期也會與老年時期有所不同。「大腦在人們一生中是在不斷動態變化的」這件事，基本上是目前科學家較為公認的看法了。

例如，我們並不是天生只會一種語言，人類大腦的「預裝系統」讓我們具備了習得任何一種人類語言的能力，只不過安裝進去的是哪種語言，就和你的成長環境及語言學習經歷有關了。不同的語言學習經歷，確實也會對大腦有著不同的塑造。科學家們對不同母語人群的大腦進行了研究，對比了以漢語為母語的人和以英語為母語的人他們大腦皮層中和聲調加工相關腦區的差異。我們都知道，在漢語中，同一個字用不同的音調說出來，字義就完全不同。例如，媽、麻、馬、罵，都是 ma 這個音，但是聲調不同，意思也不相同。但在英語裡面，如 apple ？

apple ！無論音調怎麼變，apple 還是蘋果的意思。由此可見，說漢語的人，在日常語言交流中，對聲調的加工顯然要比說英語的人強烈得多，而這一點在大腦皮層中有很明顯的反映。研究發現在和語言聲調加工有關的腦區，也就是我們右側顳葉前部的區域，漢語母語者大腦的灰質集中度，要顯著高於英語母語者。你可能會問，這種差別會不會是人種差別導致的呢？研究者顯然也考慮到了這種可能，他們還找來另外一組人進行驗證，他們都是西方人，且是英語母語者，但是這組人都學過漢語，學齡從 3 年到 7 年不等。科學家比較了這組人的大腦，結果發現，他們的右側顳葉前部和聲調加工相關的腦區裡，灰質集中度也明顯增強了。此外，還有研究者發現，對於雙語使用者，他們大腦裡的活躍區域面積要比那些只會說一種語言的人大得多，也活躍得多。

上面的例子說明，大腦是可以改變的，也就是大腦具有「可塑性」。人們常常認為大腦的發育存在一個關鍵期，青春期後大腦就失去了原有的活力。然而近年來，越來越多的研究顯示，成人的大腦同樣具有可塑性。其實我們的大腦從未停止過改變和調整以達到最優的神經迴路，只是在幼年時期這個過程發生非常迅速。正是因為大腦具有這種可塑性，我們雖然一出生都裝配了同一個「預裝系統」，但是在成長中，由於環境和個人經歷的不同，大腦也在進行相應地變化調整、不斷地被塑造，最終形成了每個人獨一無二的自我。

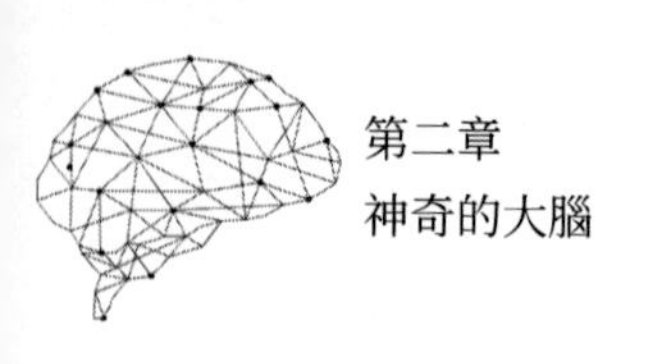

大腦是如何實現可塑性的？

一般來說，對大腦可塑性的討論分為兩種：一種是畢生發展期間正常大腦根據經驗與學習而重組神經路徑的終身能力，另一種是腦損傷之後作為補償功能機制的神經可塑性。

關於第一種大腦可塑性的例子，比如，常年訓練小提琴的人比未經過任何音樂訓練的人能啟用更多對應的體感皮層，而且啟用區域的大小與學習小提琴的起始年齡呈正相關。

神經科學家唐納·赫布（Donald Hebb）提出了大腦可塑性的神經機制理論，即突觸的可塑性。簡單來說，就是突觸前神經元向突觸後神經元的持續重複地刺激，可以導致突觸傳遞效能的增加。不過，更進一步的研究將刺激分為了高頻刺激和低頻刺激，對赫布理論進行了一些補充和修正。

現在我們一般認為突觸可塑性主要包括兩種模式：①長時程增強，即在短時間內快速重複高頻刺激，突觸傳遞效率呈現持久的增強現象，因此稱為長時程增強；②長時程抑制：與長時程增強相反，長時程抑制指長時間內重複低頻刺激，突觸傳遞效率呈現持久的降低現象。長時程增強可以強化記憶的形成，而長時程抑制則對記憶內容進行選擇、確認、考核，二者相互影響，調節大腦的學習和記憶功能。

除了神經元間交流效能的改變能夠影響大腦的可塑性，

大腦中神經元和神經膠質細胞的表型變化也能夠影響其可塑性。例如，經驗與學習可以驅動樹突棘和軸突的生長或神經突觸發生，這可能是神經迴路自適應重構的基礎。腦損傷可能激發突觸可塑性機制，樹突棘的數量、大小和形狀在損傷後可以發生迅速變化，以促進功能恢復。在神經元遷移、成熟和退化過程中，星形膠質細胞的形態發生了明顯變化，表現出高度的表型可塑性，不斷適應大腦環境的變化。

上述這些大腦微觀層面的變化能夠引起宏觀尺度上的功能重組，也就是我們說的大腦功能可塑性。在同一區域內同一功能可能由多個皮層區域共同執行，當主要功能部位受損時，可以透過相鄰皮質的參與得到補償，這些皮質與受損區域位於同一區域，損傷後透過代償機制產生區域性超興奮性。若該受損區域內的再分布不足以恢復功能，則由同一功能網路的其他區域進行代償。

2021 年《*The Lancet Neurology*》發表了一個罕見病例的研究，該病例研究的對象名叫 Daniel Carr，他生下來就患有中風，嬰兒時期的嚴重中風導致他的大腦兩側嚴重受損。從圖 2-15 中可以看到，他的大腦與其他年輕人的相比幾乎缺少了 1/4，在與運動、思考、情感、記憶等高級功能有關的大腦區域中，大量組織明顯喪失。然而，丹尼爾似乎並沒有出現認知、記憶或情感方面的問題，僅在運動技能評估結

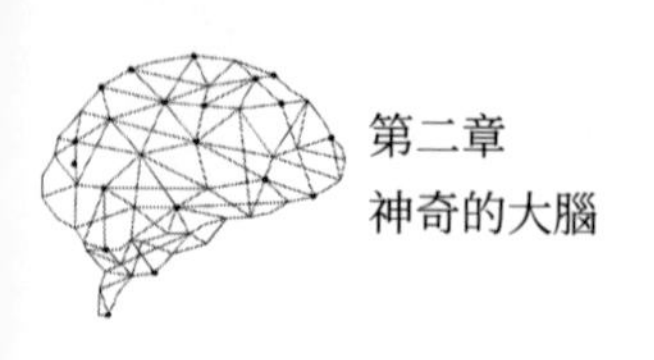

果中，相對於左上肢，他右上肢的力量、速度和敏捷性都更弱。如今，他已經 20 幾歲，過著非常正常的生活。

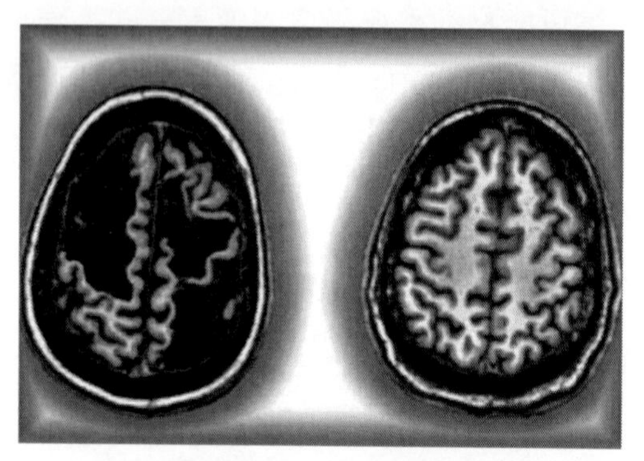

圖 2-15 丹尼爾的大腦成像數據（左）
與正常年輕人的大腦成像數據（右）

大腦可塑性的應用

研究大腦可塑性的原理，是為了更容易理解大腦的神經機制，進而為人類攻克神經類疾病提供可能。目前，以改善大腦可塑性為目的的治療主要包括藥物治療、行為訓練、物理調控等手段，下面我們簡要介紹這幾種方法。

藥物治療

改善大腦可塑性是中樞神經系統藥物的重要機制。與大腦可塑性原理對應，藥物治療也可以透過兩種途徑改善患者腦功能，下面我們用兩個例子來簡單說明一下。

乙醯膽鹼酯酶抑制劑主要用於治療失智症，可以緩解與記憶問題相關的膽鹼能阻滯，促進海馬的長期記憶鞏固，誘導海馬長時程增強。

目前研究顯示，憂鬱症患者前額葉皮層中的樹突數量和大小都會減少。賽洛西賓（Psilocybin）是一種新型突破性治療憂鬱症的藥物，它能夠幫助大腦建立新的樹突連線，且這些連線具有較為理想的強度和穩定性。在給藥後立即形成的樹突連線中，大約 1/2 的連線在 1 週後仍然完好無損，大約 1/3 的連線在 34 天後仍然完好無損。

行為訓練

臨床上常使用行為訓練改善大腦功能。康復治療（即行為訓練）旨在改善患者的功能和生活品質。利用活動依賴的神經可塑性進行特定功能的康復可以使康復效果最大化。這一原理可以應用於不同的功能，如運動控制、語言和認知。

使用康復訓練對存在閱讀及言語障礙的兒童進行治療便是一個很好的例子。當我們閱讀時，大腦需要一直不停改變眼睛運動的指令。當讀到句子的一部分後，大腦就會命令眼睛移到句子的後半部分去。但是，患有閱讀障礙的兒童無法完成這個動作，他們在閱讀時非常慢，同時還會存在漏字、跳行等問題。在康復訓練時，透過對閱讀障礙的兒童進行行為訓練，如用手描繪複雜的線條等，刺激患者前運動皮質

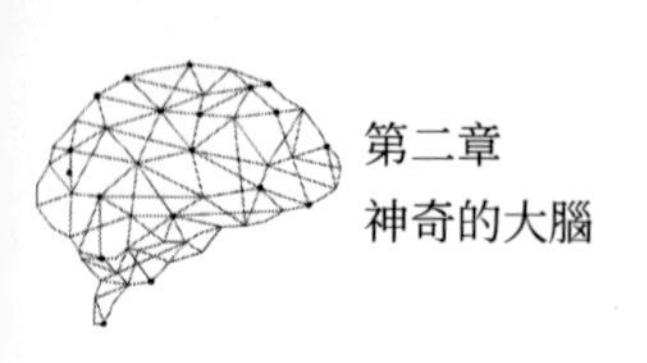

區，從而改進兒童在說話、寫作和閱讀 3 個方面的表現。同樣地，患有言語障礙的兒童在訓練早期，快速變化的語音透過放大和重複播放來消除言語歧義。結果表明，經過訓練後，孩子們的自然語言理解能力有了很大提高。

此外，有研究發現，利用影片遊戲的電腦化程式可以改善視覺感知缺陷，以及與年齡相關的認知功能退化。而如何將一個認知領域的特定任務訓練推廣到更廣泛的功能領域也是行為訓練的一大研究熱點。

物理調控

物理調控技術是透過神經可塑性的調節來改善大腦功能，主要包括有創和無創兩大類。深部腦刺激，俗稱「腦深層電刺激」，是一種經典的有創神經調控技術。如圖 2-16 所示，該技術透過植入電極將電脈衝發送到大腦中特定區域，調節該區域的功能活動，從而改善患者的臨床症狀。目前，深部腦刺激常用於治療原發性顫抖和肌張力障礙等運動症狀，也可用於治療強迫症和憂鬱症等精神疾病。對於不同疾病，腦刺激的電極植入位置也不相同，其中最常見的植入位置是與帕金森氏症相關的丘腦底核附近。除此之外，人們還在積極研究將其用於治療憂鬱症和其他精神疾病。

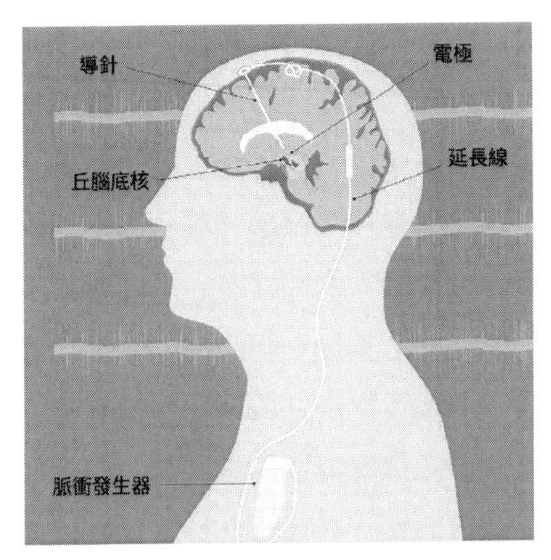

圖 2-16 深部腦刺激示意圖

無創神經調控技術又稱非侵入性腦刺激技術，主要包括經顱微電流刺激、經顱磁刺激等手段。經顱微電流刺激通過附著在頭皮表面的電極施加微弱的電流刺激（一般不超過 2 毫安）。電流在電極間流動的過程中會穿過頭皮、顱骨和腦脊液到達大腦皮質，調節皮質組織區域內神經元膜的極性，進而影響神經元興奮性、改變神經元活動。經顱磁刺激是一種基於法拉第電磁感應原理，透過外部變化的磁場在大腦中誘導產生電流的無創神經調控技術，因此也被稱為「基於電磁感應對大腦進行的無電極電刺激」。在研究大腦機制及疾病治療中顯示出了較好的應用前景。

正所謂「活到老，學到老」，大腦可塑性研究在一定程度上說明了成年後人類仍然可以透過學習和訓練鍛鍊我們的大腦。然而人類大腦可塑性的機制目前還尚未完全明瞭，學習是如何引起腦活動狀態變化的，大腦皮層功能的變化與腦內神經元、突觸之間存在怎樣的連繫，腦發育的關鍵期和可塑性的關係等一些更深入的問題，目前也都還不太清楚，這些都是將來需要科學家不斷探索研究的問題。

此外，對人類大腦的研究和模擬是推動人工神經網路進步的重要手段。關於這部分的內容，將在書中後續章節中進行介紹（詳見第 5 章）。若你對這些問題同樣感興趣，也歡迎你在不久的將來加入進來，共同探索大腦的奇妙。

小結

在這一章中，我們首先從微觀角度學習了大腦的神經基礎。神經元作為大腦中的「居民」，數量可達成百上千億個，其大部分的活動都在胞體完成，而樹突和軸突則是它們用來相互交流的物理通路。神經膠質細胞作為城市中的後勤系統，為神經元的正常工作保駕護航：有的膠質細胞組成了一個結構網路，像膠水一樣，能把神經元固定住；有的膠質細胞可以在大腦中移動，擔任著「城市」的監視與修護工作。

神經元細胞的資訊交流除了依賴於樹突和軸突的物理通路，還依賴於神經元間的突觸，同時也離不開其動作電位的產生與傳導。這些神經元的相互交流和連線組成了不同的神經環路，進而能夠使大腦具有宏觀的結構和功能。大腦由前腦、小腦和腦幹構成，每個部分都承擔了屬於自己的責任，它們相互合作，缺一不可。

人類大腦具有可塑性，神經元和神經膠質細胞的表型變化能夠影響其可塑性，神經元間的交流效率也能夠透過刺激而改變。藥物治療、行為訓練和物理調控是目前較為常用的 3 種改善大腦可塑性的手段。大腦可塑性研究在一定程度上證明了「活到老，學到老」背後所蘊含的科學道理，也激勵著科學家對其展開更深入的研究與探索。

第三章

腦認知科學的興起

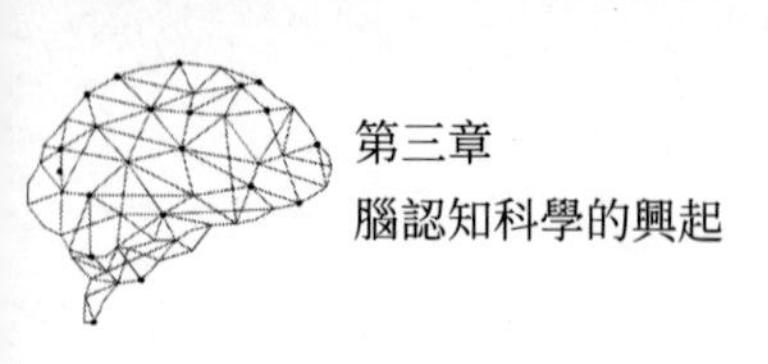

透過前兩章的介紹，我們對腦科學發展的歷史及大腦的神經生物機制有了初步的了解。現在，相信你已經對大腦傳導機制，如神經細胞在大腦中扮演怎樣的角色、訊息如何從一個神經元傳遞到另一個神經元等，理解得比較清楚；對不同腦區的功能劃分也有一定的了解。那麼，恭喜你！你已經穿越時空，站在巨人的肩膀上看到現代科學家的研究前沿了。

然而，只了解神經細胞如何處理訊息是不夠的。大腦作為人類最複雜的器官，除了調節人體功能外，也是意識、精神、語言、學習和記憶等高級神經活動的物質基礎。這些神奇的高級神經活動即人的腦認知功能，它們不僅決定著人類在大自然中的特殊與高等，也吸引著科學家們對其孜孜不倦地研究。

了解腦認知功能產生的機理，對於人類發展具有重要意義。比如在人工智慧領域，想要設計出一個能夠根據指令完成動作的機器人，就需要知道人的大腦是怎樣處理語言和進行運動控制的。在這一章中，我們將介紹幾類經典的腦認知功能 —— 知覺、運動控制、記憶與注意力。

大腦的知覺與感覺

你能分清知覺與感覺嗎？從科學的角度講，知覺通常由視覺、聽覺、嗅覺、味覺和觸覺 5 種感覺整合得到。在正常人的知覺中，各種感官的交互作用是十分重要的，它們互相協調，構成認知功能的基礎，使你能夠完整一致地感受這個世界。接下來，我們將簡單地介紹各個感覺，以及一些生活中常見現象背後蘊藏的感官系統「祕密」。

五感的「主角」——視覺

假如讓你失去一種感覺，你最不想失去的是哪種呢？我猜大多數人的選擇都會是視覺。人類所感知的外界訊息中 80%的訊息都來自於視覺，並且人類大腦皮層的 1/3 面積都與視覺相關——視覺，是當之無愧的五感「主角」。

你知道嗎，人的眼睛是分主副眼的，在專業術語上稱為優勢眼和非優勢眼，或左／右利眼，就像左／右利手一樣。想知道究竟哪隻眼睛是自己的優勢眼嗎？你可以做一個這樣的小測試：

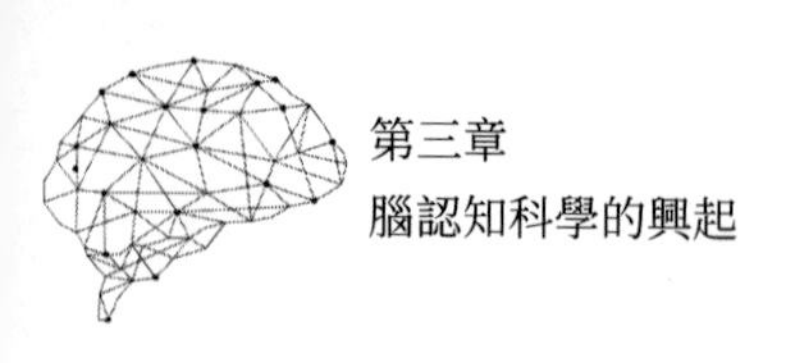

首先，將手臂伸直置於胸前，雙手外翻並交疊，使兩隻手的虎口處可以形成一個三角形小孔（越小越好）；其次，透過虎口間的小孔尋找一個遠處的物體，可以是牆上燈的開關，或是窗外的路燈，保持兩眼同時睜開的狀態，移動手臂，使這個物體處於小孔的中央；最後，保持身體不動，輪流閉上一隻眼睛。若你看到這個物體仍在小孔中央，那麼此時睜開的那隻眼睛就是你的優勢眼。有研究顯示，較多數人都是右利眼，僅有30%～50%的人為左利眼。怎麼樣，你的優勢眼是哪隻呢？優勢眼的作用主要是單眼視，假如你老花眼了，需要一隻眼睛看近，一隻眼睛看遠，醫生就會根據你的優勢眼來選擇。

測試完優勢眼，你可能會想：既然我的大腦更「信任」某一隻眼睛，那為什麼人還需要兩隻眼睛呢？實際上，我們的眼睛就像照相機一樣，能夠感受光線的強弱，但是一隻眼睛只能得到一個平面影像，因此只能確定物體的方位，無法判斷物體的距離。而當人用兩隻眼睛注視物體時，雙眼分別能獲得一個不同位置的物體影像，這兩個影像之間存在一定的水準差異，即視差。視差經大腦加工後，便產生了使我們能夠感知三維空間各種物體遠近前後和高低深淺的立體視覺。

立體視覺並不是天生的能力，當我們還是嬰兒的時候，必須透過體驗周圍的空間去學習這種能力。依靠移動身體、觸控物體以及保持平衡，我們才能在大腦中建構周圍環境的立體地圖。在消化這些經驗的過程中，我們掌握了三維空間特徵，從而形成立體視覺。依靠精確的立體視覺，我們才能快速判斷物體與自己的距離，能夠在複雜環境中安全地移動。

由此可見，視覺是十分重要的。那麼我們是如何獲取視覺訊息，大腦又是如何接收、加工這些訊息的呢？

視覺訊息包含在物體反射的光線中，由眼睛進行接收和處理。如圖 3-1 所示，光線通過角膜折射和水晶體聚焦後，影像會被反轉，然後通過充滿眼眶的玻璃體到達眼球的後表面 —— 視網膜。視網膜上的感光細胞將光刺激轉換為大腦可以理解的神經訊號，從而對視覺訊息進行匯聚。最終，視網膜上的另一類細胞 —— 神經節細胞將訊號傳出，透過視神經傳遞到中樞神經系統，在那裡，大腦處理這些訊號並形成視覺。

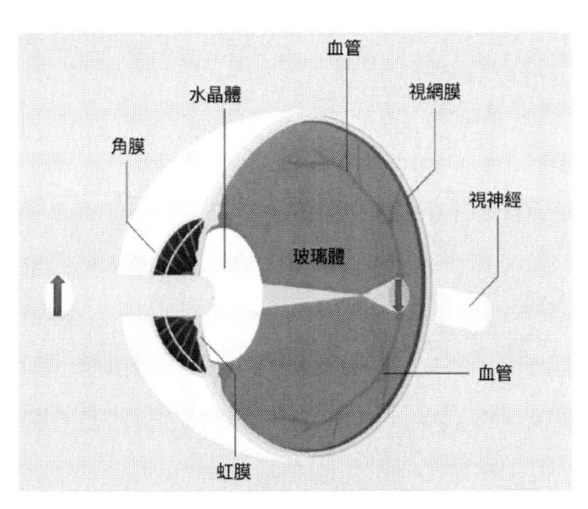

圖 3-1 眼睛成像示意圖

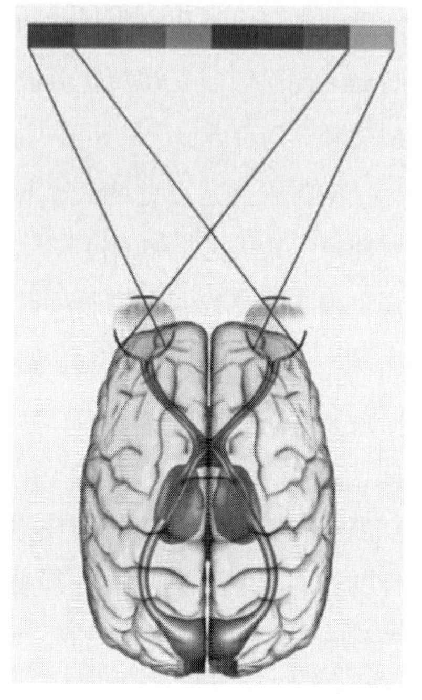
圖 3-2 視覺系統的初級投射通路

圖 3-2 展示了視覺訊息是如何從眼睛傳遞到大腦的。可以看到，每個眼睛對應的視神經分為兩部分：顳側（靠近耳朵側）和鼻側（靠近鼻側）。由於光沿直線傳播，右視野的光線經過小小的瞳孔，投射在眼球的左側視網膜上，並由對應的視神經進行傳遞，即右視野的物體會刺激左眼視網膜的顳側和右眼視網膜的鼻側，左視野同理。在這之後，顳側的視神經分支繼續沿著原先的方向前進，而鼻側的分支則經過視交叉投射到相反的一側，最終使右視野的所有訊息被投射到大腦左側半球，左視野的所有訊息被投射到大腦右側半球。

當訊息進入大腦之後，根據視神經終止於皮質下結構的位置，視覺通路可以分為視網膜到膝狀體的通路和視網膜到丘體的通路。圖 3-2 所示的就是視網膜到膝狀體的通路，這條通路包含超過 90%的視神經軸突，你可以簡單理解為有

90%的視神經透過這條路將訊息傳遞至大腦皮層的初級視覺皮層。在這之後，訊息再次「兵分兩路」：一路由大腦背側延伸向頂葉，即「向上走」，這條通路負責對運動視覺、空間方位等位置訊息的分析，因此也稱 where 通道；另一路由大腦腹側投射至顳葉，即「向下走」，這條路負責對物體的辨認，因此也稱 what 通道。而剩下 10%的視神經則將視覺訊息傳到了其他皮質下結構，如上丘和枕核。雖然 10%聽上去並不算多，但由於人類視神經十分豐富，10%的視神經軸突可能就與一隻貓的視網膜神經節細胞總數相當。

在這裡我還想向你分享一個概念 —— 盲視。你可能覺得這個詞非常奇怪：既然已經是「盲」了，怎麼還能「視」呢？實際上，「盲視」的意思是眼睛完好，但視覺皮層的某塊區域受到損傷，導致患者的大腦雖然可以接收新的視覺訊息，卻不能有意識地進行訊息獲取，換句話說，就是看見了，但意識不到，用一個成語來形容就是「視而不見」。

有趣的是，一些盲視患者也能對盲視視野內的訊息做出反應，他們的盲視似乎是相對的。例如，有些患者能說出盲視視野內物體的顏色，但他們不會主動說看見了什麼顏色，只有在必須對顏色做出猜測的時候他們才會說出來。造成這一現象的原因可能是盲視患者大多受損的是視網膜到膝狀體的通路，而並未受損的視網膜到丘體通路仍可以處理一些低階視覺訊息。

五感的「配角」——聽覺

在開始學習這部分內容之前，你可以做個小遊戲：找一位朋友，告訴他你將要說一句英文，然後不發出聲音，僅用口型說「elephantjuice」，說完後讓他猜猜你說了什麼——他大機率會回答「I love you」。這兩句話的口型幾乎是一致的，但表達的意思卻天差地別，可見聽覺作為日常生活中視覺的重要補充，雖然被稱為「配角」，但在我們感知世界的過程中也同樣扮演著重要的角色，大腦在缺少聽覺訊息的情況下，很有可能會產生錯誤的判斷。

我們是如何聽到遠處的聲音，並準確地定位聲音來源的呢？人類之所以能夠辨識聲音並判斷其產生的位置，相當程度上依賴於聽覺系統。聽覺系統由耳朵和相關腦區組成。耳朵由外耳、中耳和內耳3部分組成，其主要任務是將聲音轉化為神經訊號，為了更好地了解它的工作原理，讓我們跟隨聲音進行一場「耳朵之旅」吧！

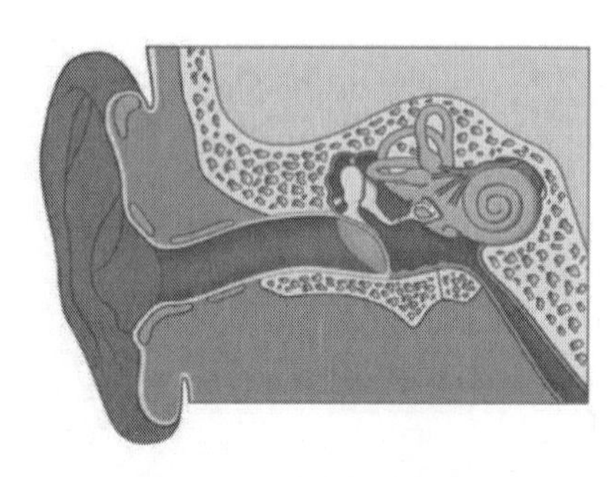

圖 3-3 人耳橫截面示意圖

聲音以波的形式透過空氣、液體或固體等媒介傳播至外耳，外耳包括耳廓和外耳道，主要發揮集聲作用。如圖 3-3 所示，聲波在外耳集合後，由中耳的鼓膜、鼓室和聽小骨傳遞至內耳。鼓膜，顧名思義，是一種與鼓面相似的膜，聲波可以使其產生震動，就像敲鼓時鼓面的震動。鼓膜會牽引聽小骨一起震動，從而推動耳蝸中的液體流動 —— 這便將聲音傳到了內耳。內耳由半規管、前庭和耳蝸組成，其中耳蝸是聽覺系統的主要部分。耳蝸形似蝸牛殼，是一個內部充滿著液體的盤旋骨管。耳蝸內部有一種叫作基底膜的膜狀結構，基底膜上覆蓋有特殊結構的毛細胞，它們會隨耳蝸中液體和基底膜的震動而搖擺。而這一動作會引發膜電位變化並釋放神經遞質，使得支配毛細胞的聽覺神經產生興奮和衝動，進而將聲音訊息傳到聽覺中樞，最終由大腦皮層解析辨識，形成聽覺。

聲音訊率對於聽覺系統十分關鍵。人類聽覺的敏感範圍為 20 ～ 20,000 赫茲，但是對 1,000 ～ 4,000 赫茲的刺激頻率最敏感，這個範圍涵蓋了人類日常生活造成關鍵作用的大部分訊息，如嬰孩的啼哭、引擎的轟鳴等。頻率的變化不僅影響著聽者對於所聽內容的分辨，也包含著聲音來源的訊息，透過這些訊息，我們可以知道發出聲音的物體是什麼。這是由於基底膜震動時，並非所有毛細胞都會隨之震動，依據聲音訊率的不同，只有一些特定的毛細胞才會擺動。而發聲物體具有的獨特共振特性，可以使它與其他物體區別開來，即使是同樣的音，在鋼琴和古箏上被彈奏出來也會聽起來完全不同。同樣的道理，講話時所發出的不同聲音，也是透過改變聲帶的共振特性以及配合口腔、舌和嘴唇的運動完成的。日常生活中的自然聲音是由複雜頻率構成的，如此一來，特定的聲音啟用特定範圍的毛細胞，從而在大腦中產生特定的聽覺。

圖 3-4 蝙蝠回聲定位

解決了如何聽到和分辨聲音這個問題後，我們還需要了解聲源的定位問題。你在生活中是否也有過這樣的經歷：在家裡找不到手機時，叫人打個電話便可以很輕易地根據鈴聲找到手機，這一過程我們稱為定位。以聽聲定位的模範代表——蝙蝠為例，如圖 3-4 所示，蝙蝠在飛行中發出高頻聲音，再由周圍環境中的物體將這些聲音反射回來，透過這些回聲，蝙蝠的大腦建立了對周圍環境和其中物體的聲音影像，從而保證自己可以及時避開障礙物。雖然人類的聽覺系統沒有蝙蝠這麼靈敏，但我們的大腦也可以對比進入兩個耳朵的聲音在強度和時間上的微小差異，以此在空間中對聲源定位。

當一個聲源發聲時，聲源到兩耳的距離一般來說並不相等，因此到達兩耳的聲音也就不完全相同，而是具有一定的時間差和強度差。舉個例子，如果一個聲音從你的左側傳來，聲波會先到達你的左耳，再傳入右耳，這就形成了微小的時間差。同時，由於聲音通過頭顱時會造成一定的衰減，因此左耳所接收到的聲音強度會高於右耳，從而造成強度差。這些訊息會到達腦幹的特殊位置，由其分析後將結果回饋給大腦，這樣一來，我們便能對聲音的來源進行精準定位。由此可見，聽覺系統十分依賴整合雙耳訊息來實現定位。因此，在過馬路時戴耳機聽歌，哪怕只戴一隻耳機都是很危險的行為。

以上情況是水平平面的聲音定位機制。如果聲源來自你的垂直平面，聲源到兩耳的時間差和強度差就沒有太大變化，此時就無法透過剛才的 2 種方法進行垂直定位。那麼我

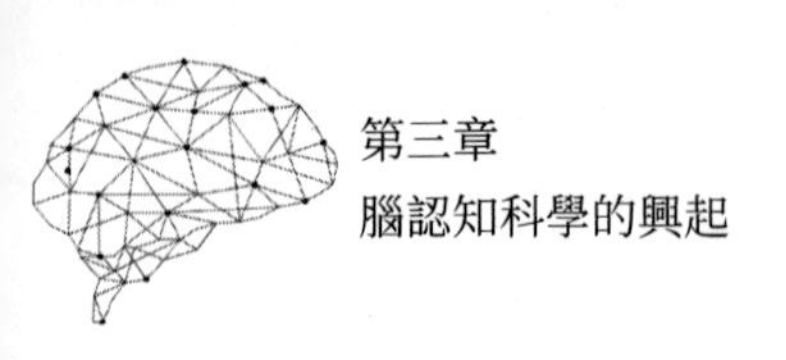

們是如何進行垂直定位呢？實際上，我們的耳廓具有不規則的褶皺（用手就可以摸到），這些褶皺的作用便是對聲音形成反射。當聲源沿著垂直方向移動時，直接進入耳道和經耳廓褶皺反射後的聲波組成的複合聲，由於聲源位置的高低而產生微小的不同，從而實現對聲源的垂直定位。

五感的「記憶和情緒擔當」——嗅覺與味覺

前面介紹的視覺與聽覺能夠使我們感受外界的物理訊息，除此之外，我們還能感受環境中化學物質的刺激。比如，空氣中有許多揮發性的小分子可以透過人呼吸或主動地吸氣進入鼻腔，這就是嗅覺產生的基礎；食物中的化學物質與舌頭上的味覺感受器相接觸，這是味覺產生的基礎。嗅覺與味覺也是 2 種十分重要的感覺，這一點在動物身上尤為明顯。對於一隻晝伏夜出的小老鼠，它常需要透過氣味來警惕天敵，一旦聞到細微的貓的氣味，便趕緊藏好；也需要透過氣味來尋找食物，並且判斷食物是否無毒。味覺是對水溶性化學分子的感覺功能，能夠作為嗅覺的補充來辨識食物的性質，從而調節小老鼠的食慾並控制攝食量。可是為什麼說嗅覺和味覺是五感中的「記憶和情緒擔當」？不要著急，接下來就讓我們一起來揭祕人體嗅覺和味覺的神奇之處吧！

嗅覺

帶有氣味的小分子可以透過 3 種方式進入鼻腔：第一種是隨著正常呼吸或者我們主動去聞的過程中流入鼻腔；第二種是被動地流入鼻腔，因為鼻腔中的氣壓一般都比外界環境要低，氣味分子會隨著空氣向氣壓較低的地方移動；第三種是透過鼻腔後嗅覺，進入口腔的氣味分子也可以傳到鼻腔內。氣味分子進入鼻腔後就附著在位於鼻腔頂部黏膜中的嗅覺感受器上，即嗅細胞。嗅細胞是一種雙極神經細胞，它的樹突和軸突從其細胞體的反側面延伸出來，當嗅細胞一端接收到氣味分子時，訊號就被傳輸到另一端的嗅覺訊號處理第一中樞 —— 嗅球。嗅球神經元（即嗅小體）離開嗅球後形成嗅神經，後者將訊號傳遞給初級嗅皮質，也稱次級嗅覺加工中心，它在判斷是否有新氣味出現時扮演著重要角色。

作為呼吸兼嗅覺器官，鼻子實際上有一個「祕密」。我們先來做一個小實驗：把手指放在兩個鼻孔的下方，然後正常呼吸，感受鼻子撥出的氣流。你有什麼發現嗎？

很多人並不知道，鼻子的左、右鼻道其實不是同時工作的，而是交替工作的，它們每 30 分鐘到 7 小時輪換一次。當然，交替工作並不意味著休息的那個鼻道完全不參與呼吸，它只是在輪休時作為輔助鼻道而已。鼻子的這種輪班行為，在醫學上被稱為鼻週期，這實際上是身體的一種自我保護機制。由於肺需要溫暖溼潤的空氣，所以鼻子的一個重要工作

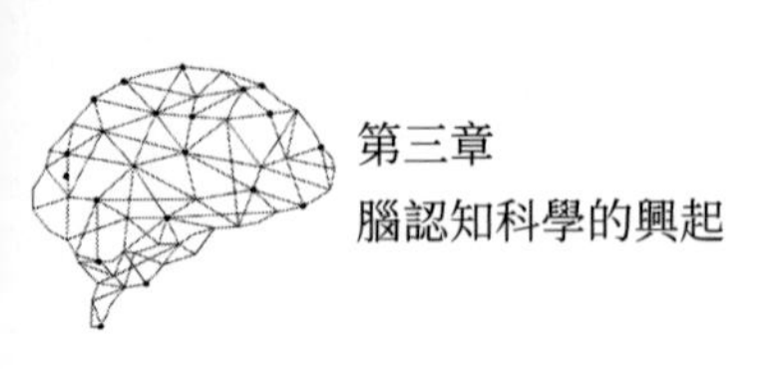

便是溫暖並加溼所有進入肺部的空氣。如果不中斷地讓空氣進入同一個鼻道，它就會變乾甚至破裂，造成鼻出血或鼻科疾病，甚至影響嗅覺。

除此之外，左、右鼻道分別執行時，人的身體狀態會有一些區別。當左鼻道執行時，身體器官的所有活動都會減緩下來，血壓會降低。所以睡眠、想睡覺或情緒穩定時，多依賴左鼻道。與此同時，左鼻道還具有很強的判斷力，辨別氣味更準確。而當右鼻道執行時，整個身體的狀態都處於活躍狀態，此時血壓升高，每個器官都處於亢奮的狀態。所以人在情緒波動時，多半用右鼻道呼吸。此外，用右鼻道聞東西時，往往對氣味的印象會更深刻。

你是否有過被某種特殊的氣味帶回到很久以前記憶中的經歷？電視劇中常常有這樣的橋段：主角在外地偶然聞到某道菜的香氣，便勾起了自己對家的記憶。為什麼氣味會與記憶緊密相關？一些科學家認為，嗅皮質與邊緣皮質存在直接連線，而邊緣皮質與記憶和情緒緊密相關。氣味會比相關的視覺刺激更加穩定地啟用邊緣系統，從而觸發記憶。

味覺

當食物刺激味覺細胞中的感受器，味覺系統的感覺轉換就開始了。味覺細胞位於味蕾中，味蕾大部分都位於舌頭上。基本味覺包括酸、甜、苦、鹹和鮮，位於舌頭不同區域的味蕾對於不同味道的敏感程度不盡相同，如圖 3-5 所示，對甜、鹹、酸、苦更為敏感的味蕾依次分布在舌尖、舌頭兩側前半部分、舌頭兩側後半部分和舌根。而「鮮」指吃牛排或其他蛋白質豐富的食物時所嘗到的味道，並沒有明顯的敏感味蕾分布趨勢。我們常說的「辣」其實並不屬於味覺，而是痛覺的一種。

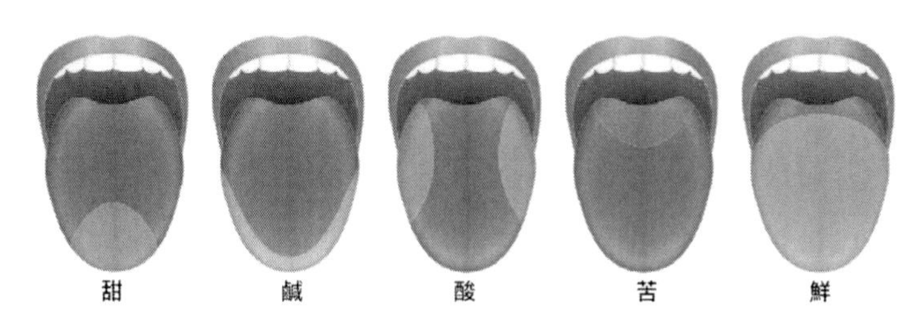

圖 3-5 味蕾分布示意圖

你可能會好奇為什麼有的人「無辣不歡」，而有的人卻「滴辣不沾」呢？這是由於味蕾與疼痛纖維正好是相連的，味蕾越敏感的人，痛覺感受器也越多，而且味覺能力受先天影響很大，所以吃辣的愛好通常會遺傳。不過，味蕾也會適應刺激，所以生活中也有很多人透過後天的飲食習慣，培養出了對辣的耐受度。

每種味覺刺激都有不同的傳導機制，能夠轉換不同的化學訊號形式。味覺訊息從味蕾傳到初級味覺軸突，至腦幹、丘腦，最後到達觸覺及味覺皮層。初級嗅覺皮質與眶額皮質的次級加工區域相連線，人們所體驗到的複雜味覺，就是由

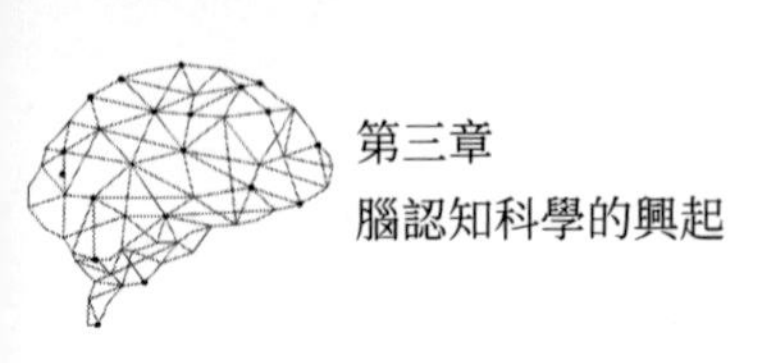

味覺細胞傳遞的訊息經眶額皮質加工後整合得到的。除此之外，眶額皮質似乎也在加工攝取食物帶來的愉悅感中發揮了重要作用。

味覺與嗅覺常常被放在一起，不僅是因為這兩種感覺都是化學感覺，還因為你能夠嘗到的味道在相當程度上都依賴於聞到的氣味。正是由於剛才提到的鼻腔後嗅覺，進入口腔的食物分子也可以傳到鼻腔內。實際上，我們對此早就有所體會——小時候牴觸喝藥，家長會告訴我們捏著鼻子喝會讓藥變得不那麼苦；感冒鼻塞時我們往往因為嘗不出飯菜的鮮美而食慾下降。這正是由於嗅覺訊息獲取受阻，導致我們無法「全方位立體化」地感受食物的味道。由此看來，我們形容一道菜好吃時往往稱讚其「色香味俱全」也是有一定道理的。

透過上面的學習，現在我們可以回答這一小節最開始的那個問題了：無論是聞味思鄉，還是牴觸喝藥，嗅味覺與記憶情緒間的密切連繫使得它們當之無愧地被稱為五感中的「記憶和情緒指標」。

五感的「弦」——觸覺

初見標題，你是否會感到疑惑：「弦」是什麼？物理學家認為，弦理論有 11 維，包含 10 維空間和 1 維時間。類似地，我們標題裡的「弦」要表達的就是這樣一種多維的概念。實際上，一切由皮膚到大腦完成的感覺都是觸覺，它能夠傳遞多維訊息，包括觸控、壓力、震動、溫度、痛感以及四肢位置等。

皮膚是人體最大也是最早發育的感覺器官。當我們用皮膚觸碰一個物體時，觸覺系統可以告訴我們物體的形狀、大小和表面結構等物理訊息。皮膚下方包含了多種軀體感覺感受器，其中梅克爾觸體（Merkel's Discs）探測一般的接觸，邁斯納小體（Meissner Corpuscle）探測輕微的接觸，帕西尼氏小體（Pacinian Corpuscle）探測深層的壓力，球狀小體（Bulbous Corpuscle）探測溫度。除此之外，疼痛由疼痛感受器或游離神經末梢探測 —— 這些細胞有些有髓鞘，有些無髓鞘，它們的啟用通常會使你立刻產生行動。在一些特殊情況下，比如手指被針刺或接觸到高溫的物體，有髓鞘的疼痛感受器會使你產生一個快速的縮手反應，這一反應一般由脊髓而非大腦控制，因此往往在你意識到疼痛之前，你的手就已經遠離了「危險源」。而無髓鞘纖維則與最初刺痛後持續時間較長的更鈍一些的疼痛有關，這是提醒你注意關照受到損傷的皮膚。

疼痛對身體來說是一種重要的警告功能，極端溫度、傷口、發炎、腐蝕性試劑、中毒、外力等刺激都會觸發該反

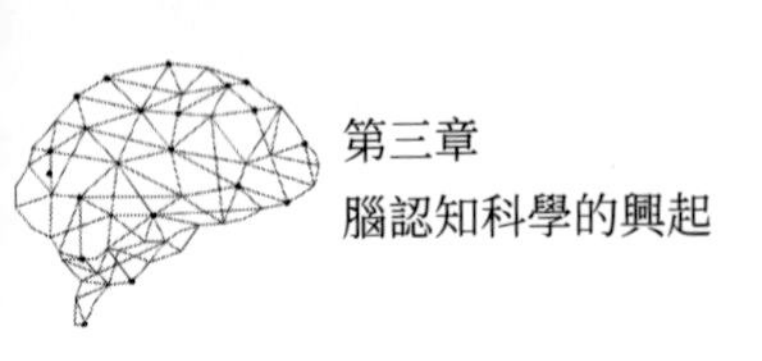

應。當然，疼痛接收器也不會過度靈敏，而是需要刺激達到一定閾值時才會做出反應，其靈敏度受到組織內部的化學信使調節。當關節、牙齒或別的部位發炎時，人體組織會將體內環境酸性化，此時會產生大量的化學信使，用來降低我們的疼痛閾，這意味著我們對疼痛將變得更加敏感。因此，發燒的人往往感到渾身痠痛乏力，這便是身體為了避免遭受更多的傷害而強迫我們臥床休息，提醒我們要耐心靜待痊癒。

你害怕打針時所帶來的疼痛嗎？在這裡我可以教你一招：打針前可以提前按壓將要接收針灸的部位，這在醫學上被稱為「加壓麻醉」。其原理在於，按壓皮膚所產生的刺激會疊加於痛感刺激上，從而相對減輕痛感。

有人說，帶汗毛的皮膚可以傳遞情緒。1993 年，瑞典的神經生理學家 Ake Vallbo 與同事首次在人類有汗毛的前臂皮膚上發現了特異性傳遞觸覺情緒訊息的神經纖維 —— CT（C-tactile）神經纖維。此後的研究顯示，CT 纖維僅被發現於有毛髮生長的肌膚上，且對接近人體皮膚溫度的、速度介於每秒移動 1 ～ 10 公分的觸覺刺激具有十分強烈的反應。換句話說，CT 纖維的功能與其他觸覺神經纖維不同，它不僅傳送觸覺的物理訊息，還在心理層面給予我們獨特的感受。如此看來，「帶汗毛的皮膚可以傳遞情緒」這一說法確實是有科學依據的。

實際上，觸覺由 2 個系統組成，除了能夠幫助我們解析觸控物體訊息的感覺與辨識系統外；還有一個動機與情緒系統，幫助我們在人際互動中溝通情感。當我們傷心時，家人或朋友的擁抱能安慰我們的情緒；輕輕捏住小朋友嬰兒肥的臉蛋，會自然而然地產生「小朋友真可愛」的想法；和喜歡的人並肩，手背不經意的觸碰，會讓自己的心裡小鹿亂撞……這就是觸覺的情感力量。研究顯示，在悠久的生物進化過程中，人類已經發展出獨立加工觸覺情緒訊息的神經網路。我們在接受輕撫或擁抱時獲得的愉悅感，不僅是觸控動作的副產品，更是真正具有生存適應意義的。

運動控制

正如前文所描述的，知覺可以幫助我們探測、分析和猜想環境變化，並作出恰當反應。「做出反應」往往涉及運動系統複雜的計畫、協調和執行動作的能力。舉一個簡單的例子，現在正在閱讀這段文字的你要伸右手拿起手邊的水杯喝水，以你的軀幹作為參照系，在這個過程中你的手從書的側邊離開，產生一個向右的位移直到水杯處，又產生一個向

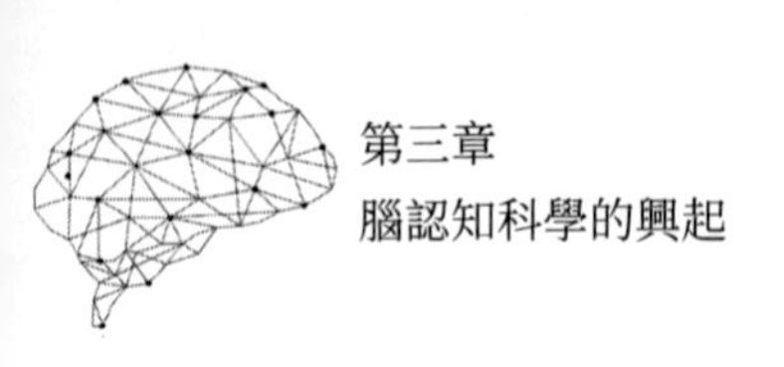

左上方的位移將水杯送到嘴邊。手的運動狀態從靜止開始，經歷向右的加速運動，向右的減速運動，靜止，向左上的加速運動，向左上的減速運動，靜止到嘴邊，再由手腕發生旋轉，使水能夠自然流進你的口中。你的五指經歷了從自然放鬆，到張開，再到握住水杯的過程。在這整個運動過程背後，是大腦一邊在發出指令控制上肢的運動，一邊根據視覺和觸覺的回饋修正著運動控制，保證水不會灑到身上或書上。

一個簡單而日常的動作背後竟然蘊藏著一系列如此複雜的反應，遑論那些更加複雜的運動了，如花滑運動員在冰面伴著音樂優美地舞蹈、短跑運動員聽到發令槍聲後迅速起跑、鋼琴家在琴鍵上嫻熟的指法技巧……但整體來說，這些複雜運動控制可以抽象成一些簡單的模型與類別，透過學習這些模型，可以幫助人們舉一反三地理解運動控制的複雜過程。

運動是如何產生的？

根據運動的複雜性和受意識控制的程度，一般將運動分為 3 類：反射運動、隨意運動和節律性運動。其中，反射運動是最簡單的運動形式，膝跳反射便是最典型的代表，這類運動一般不受意識控制，運動強度與刺激大小相關。隨意運動，顧名思義，一般是根據主觀意願行動，具有一定的目的性，其方向、軌跡、速度等均受意識控制，並且在過程中也可以「隨意而行」，比如剛才提到的喝水動作。最後一類運動則是介於反射運動與隨意運動之間的一種形式，你可以隨意指使它開始或停止，但是在開始後不需要你有意識地「盯」著它，它可以自己一直重複下去，比如走路時左右手臂的自然甩動，當你走路時將雙手從口袋裡拿出，自然地垂落，它們便會在你沒有意識到的情況下前後擺動。順帶一提，這種走路方式才是符合生理的、正確的走路姿勢。以上 3 種類型的運動便可將我們日常生活中所有的運動形式概括起來。

成年人一般有 206 塊骨骼，它們組合成許許多多的活動關節，在 600 多塊肌肉的作用下產生無數或簡單或複雜、或快速或精細的動作。人體的任何運動都受到神經系統的調控，只不過簡單的反射運動一般都由脊髓「處理」了，只有較為複雜的運動才需要忙碌的大腦「過問」。外部世界由上一節中介紹的感覺神經系統，將光、聲、味、嗅、觸等物理或化學能量轉換，形成大腦細胞間可以交流理解的神經訊號。複雜運動的計劃、控制、學習、適應和掌握除了需要依靠這些感知覺的訊息回饋，還常常受到注意力、主觀動機和情緒等方面的影響。這些綜合因素被大腦整合後產生對環境

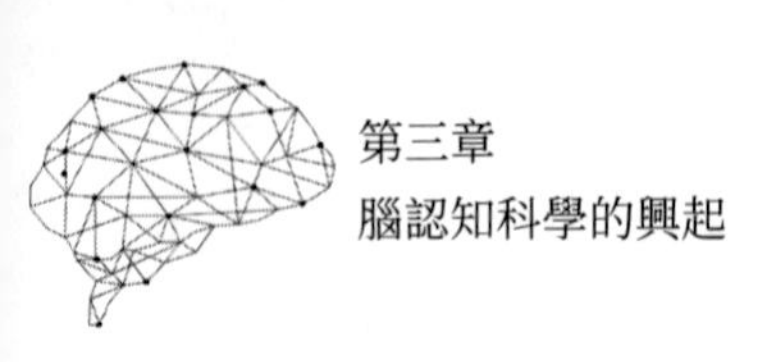

做出的複雜行為反應的指令，大腦運動系統再將其轉換成一系列嚴格控制的肌肉收縮指令並下達，最終實現運動行為。這表明運動控制不僅和大腦的感覺系統有關，同時還與意識、學習、記憶等大腦的高級認知功能具有密切連繫。

剛才提到，簡單的反射運動一般都由脊髓「處理」，實際上，在脊髓內部，有大量的協調控制某些運動的神經環路，尤其是那些重複性運動的環路，這些運動被大腦的下行指令影響、執行和修飾。接下來，我們就來介紹運動系統的結構以及它們之間是如何互相連繫的。

運動系統的「執行者」

首先我們來了解運動系統的基礎結構（圖 3-6）。身體可以運動的部分稱為效應器，除了那些離身體中線較遠的遠端效應器，如手、手臂、腳、腿等，還有離身體中線較近的效應器，如肩、肘、腰、頸等。上下顎、舌以及聲道是發出聲音的核心效應器，而眼睛則是視覺的效應器。

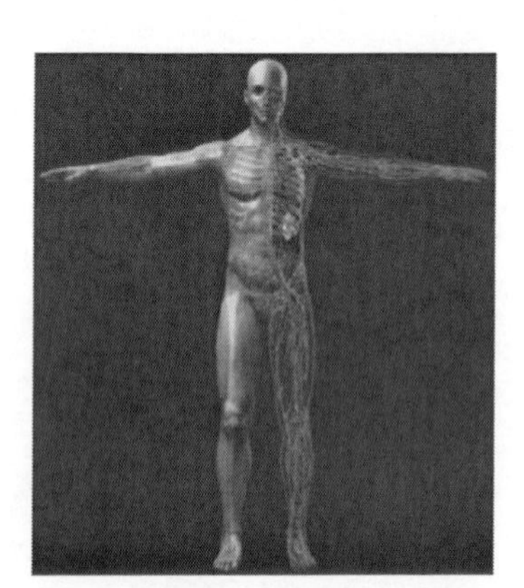

圖 3-6 人體肌肉、骨骼及神經的解剖示意圖

各種形式的運動都由一個或一組控制肌肉狀態變化的效應器產生。肌肉由彈性纖維組成，彈性纖維可以改變自身的長度和張力。這些纖維與骨骼在關節處相連，並通常組成拮抗的一對，即它們的作用結果相反，從而使效應器發生運動。例如，屈伸小臂時，肱二頭肌和肱三頭肌就組成一對拮抗肌，肱二頭肌收縮、肱三頭肌舒張使肘關節彎曲，小臂屈起；反之，肱二頭肌舒張、肱三頭肌收縮則使肘關節伸展，小臂放下。

運動系統的「高層」們

正如前文所說，運動的脊髓控制只是最簡單、基礎的部分。如果將運動系統看作一個等級結構，位於最低層級的就是脊髓（圖 3-7），它提供了神經系統和肌肉的連繫點，一些簡單的反射運動也在這一水準進行控制。而位於最高層級的是大腦皮質的運動前區和聯合區，這些區域負責運動計畫，即確定運動的目標和達到目標的最佳運動策略。在小腦和基底神經節的幫助下，運動皮質和腦幹將動作指令轉化為運動戰術，即肌肉收縮順序、運動的空間和時間安排，以及如何使運動平滑而準確地達到預定目標，最後由最低層級——脊髓負責運動的執行。最高層級可能並不關心運動的細節，而是為低層級將運動指令轉化，提供計畫和指導。接下來，我們就來簡單介紹一下這些運動系統中的高級層級。

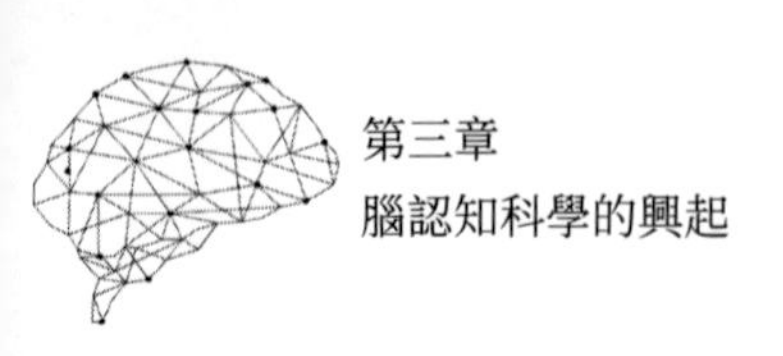

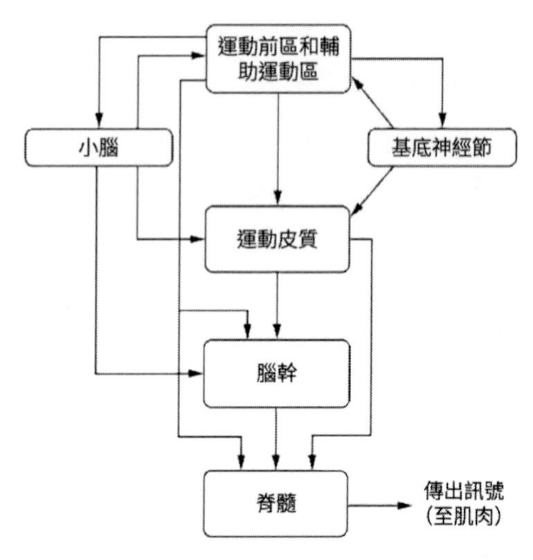

圖 3-7 運動系統的等級結構

運動系統的高級層級包括腦幹、小腦、基底神經節以及運動皮質等（圖 3-7）。其中，腦幹是維持個體生命最為重要的部位，包括心跳、呼吸、消化在內的一系列重要生理功能。小腦是一個忙碌的「中繼站」，接受控制運動的各類訊息又將這些訊息整合轉化進行傳出的工作，能夠幫助保持運動的協調以及維持平衡。基底神經節是 5 個核團的總稱，與小腦有一些相似之處，但其訊息的輸出主要是上行的，即透過丘腦投射至大腦皮質的運動區和額葉區域。大腦運動皮質可以直接或間接地控制脊髓神經元的活動，並制定運動計畫。各個運動區域的協同工作最終使我們實現對運動的計劃和執行。

透過對運動系統的高級層級進行簡單了解，我們知道能夠直接喚醒運動神經元的結構是脊髓，而脊髓可以接受來自 2 個上級的指示 —— 大腦皮質和腦幹。這些訊息沿著 2 條主要的通路下行到脊髓，分別為外側通路和內側通路。外側通路參與肢體遠端肌肉裝置的隨意運動，比如喝水的例子，該通路受皮層直接控制。內側通路參與身體姿勢和行走運動，如我們在靜止或運動狀態下保持頭部穩定，這一過程受腦幹控制。

運動障礙患者的「身不由己」

到目前為止，我們了解了一些基本的運動生理學知識，也已經知曉神經通路對運動控制的重要作用。那麼試想一下，如果與運動控制相關的神經系統出現問題，會發生什麼嚴重的後果呢？如果人體遭遇了神經系統疾病、精神障礙或外傷等問題的侵擾，就會產生運動的興奮或是抑制，甚至不能由意志所控制的現象，又稱運動障礙。在本部分，我們將對常見的運動障礙疾病進行介紹。

皮質區域損傷

正如上一小節所說，大腦皮質可以直接或間接地控制脊髓神經元的活動。其中，運動皮質是負責掌控自主運動的區

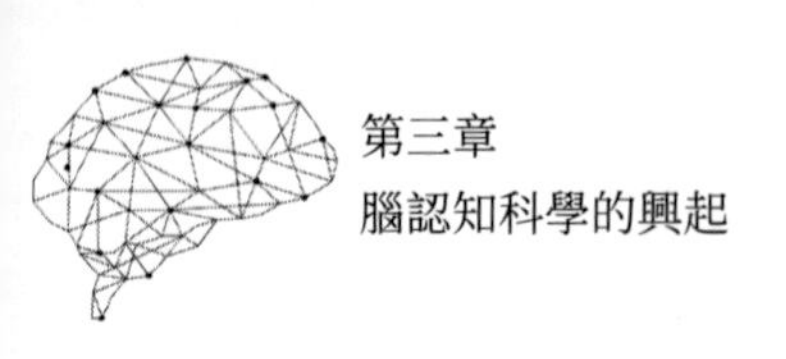

域，為熟練動作的產生提供最為重要的訊號，同時，它也接受幾乎所有參與運動控制皮質區域的輸入，以及皮質下結構如基底神經節和小腦的訊號輸入，可見其作用不容小覷。

運動皮質的損傷通常會導致偏癱。患者會因此失去受損傷腦區對側身體的自主運動，這也強調了運動皮質對運動控制的重要作用。

偏癱的病因多樣複雜，任何導致大腦損傷的原因都可引起偏癱，其中腦血管病是最常見的原因，例如顱腦外傷、腦血管畸形等。在眾多因素之中，中風占據主導，高達 90%以上的偏癱由中風造成。中風疾病的形成是由於腦部血管突然的破裂或者血管阻塞，使血液不能流入大腦，最終導致腦組織損傷而造成慘劇。

當出現偏癱症狀後，患者通常會發現一側的肢體完全不能運動。這並不是患者的意志或者意識產生了問題，他們往往竭盡全力但是依然無法移動自己的肢體。並且，患者從偏癱中康復的機率很小。如果運動皮質遭受損壞，病人極少情況下能重新獲得控制對側肢體的能力。重新的運動存在可能，但只是在執行不需要獨立控制和多關節協調的粗略運動時，例如，當一位患者的腿因偏癱受到影響時，他或許可以再次走路，但是姿勢卻很難恢復到從前。

還有一些皮質損傷導致運動協調功能出現缺陷，這些缺陷並不能歸結於偏癱、肌肉問題所導致的無力、感覺缺失或動機缺乏。這類病症被稱為失用症。從字面義來看，「失用」是指「沒有動作」，在更廣泛的意義上表示運動技能喪失。例如，一位雙側頂葉損傷的患者不能再繼續做切魚片的工作：她可以正確地將刀插在魚的頭部，並準備一刀砍下去 —— 就像她過去已經做過上千次的那樣，但是這時動作停止了，她表示：自己知道如何完成動作，但是卻無法執行動作。此外，她還經常發現自己把裝糖的碗放進了冰箱，或把咖啡壺放進了烤箱。她保留了肌肉運動的能力，但是不能把動作和相應的任務連繫在一起，或辨識出物體的正確用途。

神經學家還將失用症分為了兩種子類型：意向運動性失用和觀念性失用。意向運動性失用症的患者似乎有對預期動作的粗略理解，但是不能適當地執行動作。如果要求患者模仿如何梳頭，他們可能會不斷地用拳頭敲擊頭部。觀念性失用症則更加嚴重，患者不知道動作的目的，他們可能再也不能理解工具的正確使用方法。例如，一個患者用梳子來刷牙，這個動作表明他可以做出正確的姿勢，但卻使用了錯誤的工具。

皮質下區域：小腦和基底神經節損傷

大腦皮層以下所有的腦結構可以統稱為皮質下，這一部分繼續對皮質下結構的損傷展開說明。參與運動的皮質下結構主要包含小腦和基底神經節。其中小腦作為人體重要的運動調節中樞，發揮著對運動執行訊息傳入與傳出的作用，能夠保持身體運動的協調，維持身體平衡。醉酒者之所以會出現「無法走出直線」或是「行動不平衡」的問題，最主要的原因就是小腦細胞對酒精極其敏感。

基底神經節是另一個主要的皮質下運動結構，它包含著5個不同的核團。基底神經節任何一部分的損傷都會影響動作的協調性，不同的損傷位置造成的運動障礙形式也大有不同。受到不同損傷的影響，人類所具備的姿勢的穩定性和運動間的精妙平衡被無情地打破，從而產生十分嚴重的後果。我們在這裡主要介紹兩種最為常見的病症：亨丁頓舞蹈症和帕金森氏症。

亨丁頓舞蹈症（Huntington's Disease）是一種退行性障礙，患者一般在40～50歲時開始出現臨床症狀。這種疾病在最初發作時並不明顯，患者的精神狀態逐漸改變：易怒、神志不清、對日常活動失去興趣。隨著病程的不斷發展，逐漸可以發現患者的運動出現異常，比如笨拙、平衡有問題，並且會不由自主地不停運動。這樣的非自主運動，又稱為舞蹈症，會逐漸支配正常的運動功能。患者的手臂、腿、軀幹和頭可能不斷地運動且姿勢扭曲。

事實上，在17世紀，科技尚未發達，那時亨丁頓舞蹈症不被大眾熟知時，在至少兩個大陸上，亨丁頓舞蹈症患者都會被指控使用巫術而遭到處決，因為病症發作時使他們看上去像是被邪惡的精神力量所控制一般。

亨丁頓舞蹈症造成的神經缺陷還不僅限於運動功能。隨著運動問題不斷惡化，患者還會發展出皮質下類型的失智症症。患者可能會出現記憶缺陷，尤其是在對新運動技能的學習上，並且在問題解決任務中很容易犯錯。

亨丁頓舞蹈症目前還無法被治癒。透過對患者的屍檢發現，亨丁頓舞蹈症患者的大腦皮質和皮質下區域有大面積的病變，基底神經節的萎縮也明顯可見，紋狀體的細胞死亡率高達 90%。

另一類廣為人知的基底神經節疾病就是帕金森氏症（Parkinson's disease）。帕金森氏症分為陽性症狀和陰性症狀，分別指肌肉活動性的提高或降低。

陽性症狀包括靜止性震顫和肌肉強直。震顫是帕金森氏症的首發症狀，大多會由一側上肢的遠端其他手指開始震顫，然後逐漸擴展到同側下肢以及對側的上下肢。這類的震顫頻率大概在每秒 4～8 次，時而可以受到人為意識的控制，但卻沒有辦法持久控制。在患者激動或者疲勞時震顫會尤其加重，睡眠時消失。

帕金森氏症的陰性症狀是姿勢和行進異常，運動功能減退及運動遲緩。帕金森氏症患者會失去正常的平衡功能。當他們坐著時，頭可能不斷向前下垂；而當病人站著時，重力作用會逐漸把人向前拉直到失去平衡。患者會出現運動功能減退，也就是自主運動的缺失或減少，他們的表現就像是牢牢定在一個姿勢上不能改變一樣，且在其試圖發起一個新的運動時這個問題尤其顯著。許多患者發明了一些小竅門以幫助克服運動功能減退。例如，一位患者拄著枴杖走路，不是因為需要它幫助保持平衡，而是因為它能夠為其提供一個視覺目標以幫助其開始運動。當他想要走路的時候，他把枴杖放在右腳前，用腳踢它，促使自己克服慣性並跨出第一步。只要運動開始了，動作就顯得正常了，儘管往往很遲緩。同樣地，帕金森氏症患者可以用手拿物體，但整個動作進行的速度很慢。

記憶與注意

作為學生，你最怕在課本上看到的話是什麼？我相信大部分同學都會回答是「背誦並默寫全文」。我們總是感嘆，要記得東西太多，腦力和時間卻永遠不夠，考前熬夜複習的晚上，幻想擁有某種玄學或吃哆啦 A 夢的「記憶吐司」能幫我們變成「量子速讀小天才」。

記憶這件事總是讓我們又愛又恨，不過先不用著急，雖然世界上沒有「記憶吐司」這種考試神器，但提高和改善記憶力卻是有跡可循的。希望透過這節內容的學習，能夠讓你了解人類的記憶，並找到適合自己的記憶方法。

照相式記憶是真的嗎

回想一下，你在生活中有沒有遇到過這樣的同學：他似乎有過目不忘的本領，背書就像吃了哆啦 A 夢的「記憶吐司」一樣輕輕鬆鬆。我就曾遇到過這樣的學生，據她描述，在國中時她可以用一個午休的時間背下半本書上的內容，考試時，書本的內容就像照片一樣印在她腦海裡，甚至可以前後翻閱。聽了她的描述，大家都感到十分羨慕，相信你們也是一樣的。不過，這種照相式記憶真的存在嗎？如果存在，我們能不能學會呢？想要知道問題的答案，就要先分辨清楚記憶形成的過程——我們是怎麼記住東西的？

整體而言，記憶包含了 3 個階段：編碼、儲存和提取。你可以把大腦想像成一個圖書館，裡面可以分成 3 個區域：大廳叫「瞬時記憶」，從外界接收的所有訊息都聚集在這裡等待下一步指示，有的記憶在這裡待了一下就離開了，有的記憶則被大腦看中留了下來，從而進入另外 2 個區域——「短期記憶」館和「長期記憶」館。對這 2 個場館的介紹將

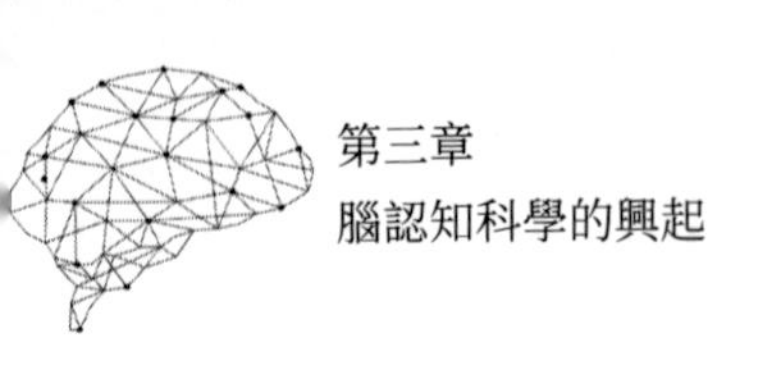

在下一小節中詳細展開，現在我們先來了解被看重的訊息是怎麼留下來的。

你注意過圖書館藏書的書脊最下方所貼的標籤嗎？它通常由 1 位字母加 4 ～ 6 位不等的數字組成，可別小看了這個標籤，有了它，熟悉圖書館的人就可以從琳瑯滿目的書中高效、準確地將目標定位，這就是編碼的重要之處所在。類似地，大腦也會對將要儲存的訊息進行編碼，給它們貼上獨一無二的標籤。不同的人看到同樣的東西，會形成不同的編碼，貼不同的標籤，這些標籤在認知科學中被稱為「心理表徵」。

心理表徵包含了對訊息的原始加工和心理加工。比如，考試取得了好成績，父母獎勵了你期待已久的禮物。當大腦編碼這個訊息的時候，會同時在腦海中湧現出這個禮物的形狀、顏色、收到禮物時的喜悅心情、父母的表情，等等。除了這些簡單直接的訊息外，還有一些更深層次的訊息也會出現：比如，你下定決心繼續好好學習，或者要好好珍惜這個來之不易的禮物等，這些都是編碼後的心理表徵。

完成了編碼，訊息就可以正式入駐大腦這個圖書館了。接著便進入記憶的第 2 階段：儲存。有的訊息被送往「短期記憶」館，有的訊息被送往「長期記憶」館。這個過程能不能很好地完成，與記憶的類型、個人的記憶能力以及大腦的健康情況等息息相關。

第 3 個階段是提取。默寫時絞盡腦汁地回憶書上句子的過程，就是大腦在進行記憶提取的過程。我們都有過這樣的體驗，有些知識點在考場上死活想不起來，越是緊張，大腦似乎就越空白，但是一出考場沒多久就想起來了。這說明，記憶儲存沒問題，只是在考場上提取時出了問題。為什麼提取過程會出問題呢？有兩方面的原因：首先，可能是記憶的第 1 階段 —— 編碼做得不夠細緻，就像整理檔案時，檔案說明寫得越簡單，事後查閱起來就越費力；其次，可能由於過於緊張的情緒，人在緊張和焦慮時會分泌一種叫作皮質醇的激素，少量的皮質醇可以促進學習和提高注意力，但是大量的皮質醇會嚴重影響記憶的形成和提取。因此，如果在考場上遇到這種情況，不妨放下筆，花 1 分鐘深呼吸，使自己冷靜下來再繼續答題。

了解完記憶的 3 個階段，我們再回到最開始的那個問題：照相式記憶真的存在嗎？在回答這個問題之前，我們再來做個小實驗。現在，請仔細觀察圖 3-8，10 秒後再繼續往下閱讀。

圖 3-8 五個圖案

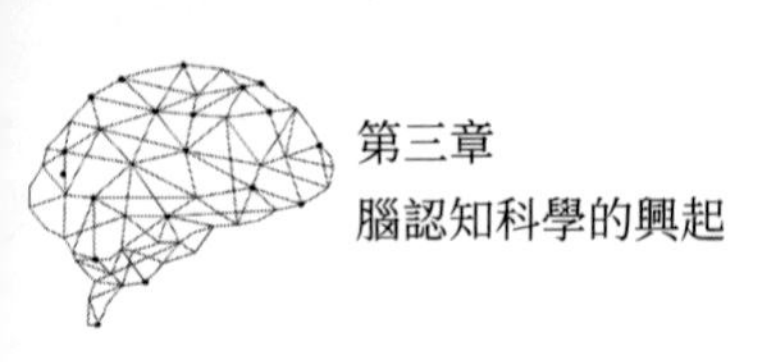

現在，請回答以下幾個問題：這張圖裡有幾個圖案？分別是什麼？它們的排列順序呢？

如果你剛才有意識地記憶了這張圖，那麼你也許都可以回答上來，但假如你沒有刻意去記，相信你憑「印象」也能回答上來 1 ～ 2 個。不過，剛才你回想的時候，腦海裡的「印象」究竟是什麼？

在專業術語中，這種即使並未刻意注意，但當你足夠快地提取它時，會發現它仍在那裡的記憶叫作瞬時記憶。由於瞬時記憶和視覺、聽覺、味覺等緊密相關，因此又稱感覺記憶。你能夠在上課走神被老師點起來重複最後一句話時有驚無險地回答問題，也是它的功勞。感覺記憶的容量很大，能包含許多訊息，且由聽覺儲存的感覺記憶（又名聲像記憶）會比由視覺儲存的感覺記憶（又名影像記憶）保留的訊息更多、時間更長。不過無論是影像記憶還是聲像記憶，它存在的時間其實非常短暫，只能維持幾百毫秒到幾秒。當我們希望用感覺記憶來進行系統回憶的時候，往往已經來不及了。

如此看來，這種感覺記憶並不是我們要找的照相式記憶。

實際上，「照相式記憶」也有一個專業的名字，叫作遺覺記憶（Eidetic Memory）。與我們靠感覺記憶記住的模糊影像不同，據有這種能力的人描述，他們記憶中的影像與原始的影像一樣生動，並且看起來好像是在「頭腦之外」，而不是在「頭腦之中」。不僅如此，它可以持續數分鐘，甚至數日。遺覺記憶較多地出現在 6 ～ 12 歲的兒童之中，大約只有 5%的兒童具有這種能力，且年齡越大，發生率越小。心理學家推測，這種能力的消失可能與兒童形式運算思維或者語言技能的發展有關，隨著兒童不斷發展語言和表達能力，遺覺記憶能力就會相應退化。

說到這裡，我只能遺憾地告訴你，這種照相式的影像記憶實際上是不存在的，至少在你長大之後是這樣。不過別灰心，正所謂「條條大路通羅馬」，想要提高記憶能力，雖然照相式記憶不可靠，但讀一遍就能背誦的記憶能力還是存在的。至於這種記憶要怎樣練成呢？這裡先賣個關子，會在後續的學習中為你解答。

既視感是怎麼回事

可能我們都聽說甚至親身經歷過這種情況：走在熟悉的路上，突然感到莫名的危險，全神戒備地觀察之後發現果然有可疑的人在附近遊蕩；老師曾經叮囑過你，考試時遇到一道不確定的選擇題，各種分析都用上了卻仍不確定的時候，一定要相信自己的第一直覺；偷偷打遊戲，即使將電腦提前關機散熱，卻還是被父母一下識破……這些現象背後，就

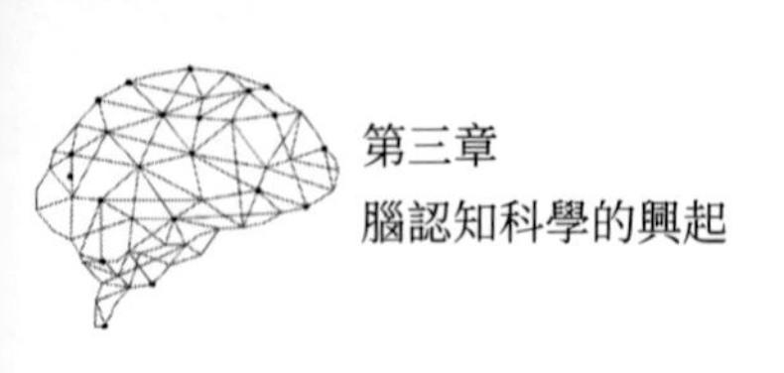

是生活中十分常見的 —— 直覺在作祟，也有人把這種神奇的體驗稱為第六感，認為冥冥之中是宇宙的神祕力量在指引自己。

實際上，直覺的背後，涉及記憶裡一個重要的概念：記憶的內隱作用和外顯作用，簡單理解就是記憶的「內化」與「思考」。比如，父母下班回家，進了家門之後，他們知道這是自己的家，而非走錯到了隔壁。如果在這之前你偷偷打了遊戲，動過滑鼠、鍵盤、轉椅，父母就能立刻察覺，雖然此時他們可能還不知道你動過什麼東西，但就是感覺不對 —— 可能是滑鼠的位置被移動了，或者椅子的角度被轉動了。這些細節，父母回家前可能並不記得原本的樣子，但此時就是能知道不對勁。這就是記憶的內隱作用。如果你反問：這些東西和原來怎麼不一樣了？父母就會巡視房間並開始思考：是滑鼠的位置不對？還是轉椅？這個過程就是記憶的外顯作用，需要做有意識的回憶。

其實，直覺就是一種經驗法則，是無意識的內隱記憶發揮了作用，雖然並不一定準確，但總歸是有跡可循的。但這時你可能會有疑問：為什麼有時候我明明能確定自己之前從未去過某地，卻還是產生了「我好像在哪裡見過這個地方」的強烈直覺？據調查，70%的人都有過類似的經歷，可能是某段對話、某種場景布局或者某種味道突然觸發了某個開關，讓你對過去未經歷的事產生了濃濃的既視感。這到底是怎麼回事呢？

在「照相式記憶是真的嗎」中我們了解到，記憶的第 1 階段是編碼，大腦會替需要儲存的訊息貼上若干標籤，今後只要經歷符合這些標籤，大腦就根據線索喚醒這段記憶。既視感可能就是由於當前場景與你的真實記憶或虛擬記憶相似而產生的。

對於前者，即「沒有發生過，但與真實記憶相似」可以用以下原因解釋：大腦中對相似度辨識發揮作用的區域是頂葉皮層和海馬迴，這個系統「工作失誤」時，會讀取與現實相似度不到 100%的記憶，也就是說，可能場景相似 70%以上，大腦就把它看作當前場景的記憶來讀取。

而對於後者，即「沒有發生過，但與虛假記憶相似」的解釋則更多一些：一種解釋是由於你的關注點被打斷，等注意再次回歸時就會出現似曾相識的感覺。這是由於大腦負責處理接收到訊息的左側顳葉會收到 2 次相同的訊息，這 2 次訊息傳遞的路徑不同：第 1 次是直接抵達，第 2 次則要先繞遠到右側顳葉再傳回左腦，兩者之間的延遲是毫秒級的。但如果第 2 次到達時延遲稍長，大腦就會把這個遲到的訊息標記為已處理過的，從而讓你產生似曾相識的感覺。另一種解釋是這個場景可能在夢中出現過。夢中大腦會產生很

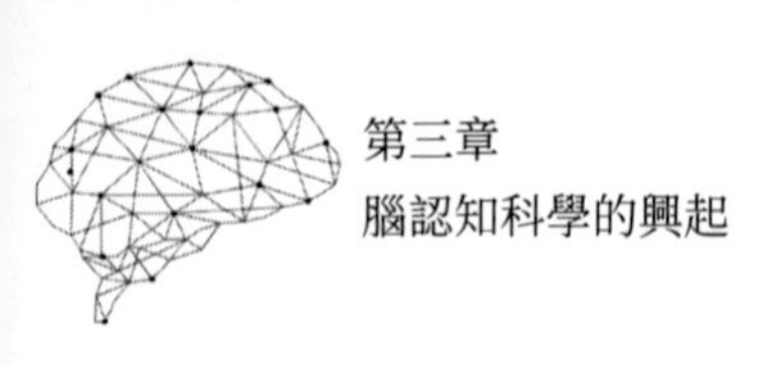

多場景，正常人每晚會做 4 ～ 6 個夢，雖然夢中場景的素材都是來源於你的記憶，但組合起來卻可以是全新的記憶。然而，夢很少會留在外顯記憶中，大部分都存在內隱記憶，醒來後，沒有被記住的夢就好像沉入了意識的水中，很難被回憶，這也是很多人一覺醒來覺得自己沒做夢的原因。這些「水下」的夢境記憶由於索引非常少，甚至可能只有幾個模糊的間接索引，即使被某個場景或某句話所觸發，讓你產生似曾相識的感覺，也無法找到這段記憶的前因後果、具體訊息。因為夢中的事件本來就是跳躍的，就算再努力想，你也想不到何時何地有過相似的感受。

大腦的記憶體與硬碟

在「照相式記憶是真的嗎」的介紹中，我們曾提過大腦圖書館還有另外兩個場館：「短期記憶」館和「長期記憶」館。事實上，它們二者之間既有區別又有連繫，用「記憶體」與「硬碟」或許可以更好地解釋它們的關係。電腦的「記憶體」和「硬碟」相信大家並不陌生，前者是一個臨時存放訊息的小倉庫，影響電腦的執行速度，記憶體越大，電腦能夠快速呼叫的訊息就越多，但是記憶體中的訊息會隨著電腦的關機而丟失；後者是一個大倉庫，存放著電腦的所有訊息，這些訊息會在需要時被調出到記憶體中臨時儲存，但本身存在硬碟中的訊息卻不會因為電腦關機而清零。用一個簡單的例子來比喻就是：你從口袋裡掏瓜子吃時，硬碟就相當於口袋，其大小決定了你能裝多少瓜子，而記憶體就是你的手，其大小決定了你一次能抓多少瓜子出來。

在介紹大腦的「記憶體」—— 短期記憶之前，你可以自己做個小測試：對於一串十幾位的隨機數字，只看一遍，你能記住多少？如果你能全部記住，那你的記憶能力算是相當不錯的了。這個能記住的專案數量叫作「記憶廣度」。其實關於短期記憶，我們在第 1 章中介紹認知心理學時就已經有所提及。短期記憶是一種持續時間非常短（僅比感覺記憶長幾秒）的記憶形式，它是在感覺記憶的基礎上，施加了注意成分所形成的。還記得米勒發表的那篇關於短期記憶廣度的研究報告嗎？他在報告裡提到，一般人的短期記憶廣度在 7 個單位左右。你可能覺得，這也太少了，像剛才測試的那十幾個隨機數字，不說全部記下，但你好歹也能記個八九不離十。為什麼會有這樣的感覺？

這是因為，在進行短期記憶的時候，大腦往往使用了其他訊息加工方式來擴展記憶廣度。那麼，你是如何做到的呢？除了第 1 章裡提到過的「組塊」法，複述也是一個常見的方法。比如，進入一個新的班級，你可能沒法一下將所有

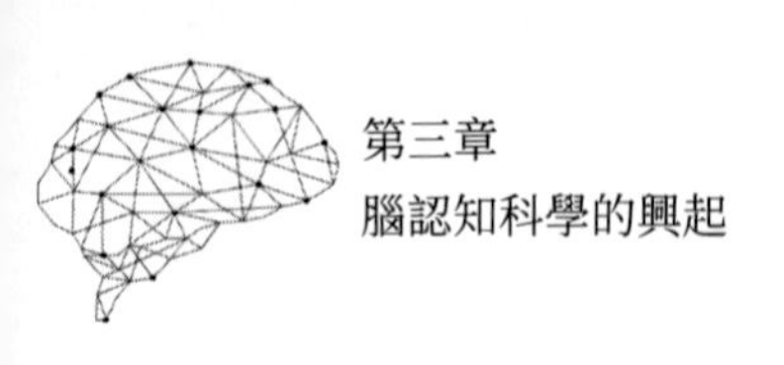

同學的名字都記住，但是如果多發幾次作業，每次都在心裡複述同學們的名字，隨著次數的增加，就能成功地記下所有人了。

要學習短期記憶，有一個重要的概念一定不能錯過，那就是「工作記憶」。在有些文章中，工作記憶和短期記憶所表示的是同一個含義，不過在本書我們對這兩個概念做以下區分：工作記憶代表一種容量有限的，在短時間內儲存訊息，並對這些訊息進行處理的過程，因此被喻為「思維的畫板」。其內容可以源於感覺記憶的感覺輸入，也可以從長期記憶中提取獲得。工作記憶概念的出現是為了擴展短期記憶的概念，除了在較短時間內的記憶外，工作記憶還有非常重要的功能，那就是訊息加工和認知操作。簡單來說，工作記憶彷彿一座橋梁，連線了感覺記憶與長期記憶，負責前者的寫入和後者的讀取，以及資訊編碼的儲存。

如圖 3-9 所示，工作記憶可以分為 4 個成分：中央執行系統、語音迴路、視覺空間模板和情節緩衝區。事實上，它們 4 個不是平行關係，而是中央執行系統下轄另外 3 個成分。中央執行系統就像團隊的領頭人，負責幫你將注意聚焦在相關訊息上，同時協調語音迴路、視覺空間模板和情節緩衝區這 3 個團隊成員對訊息進行整合。

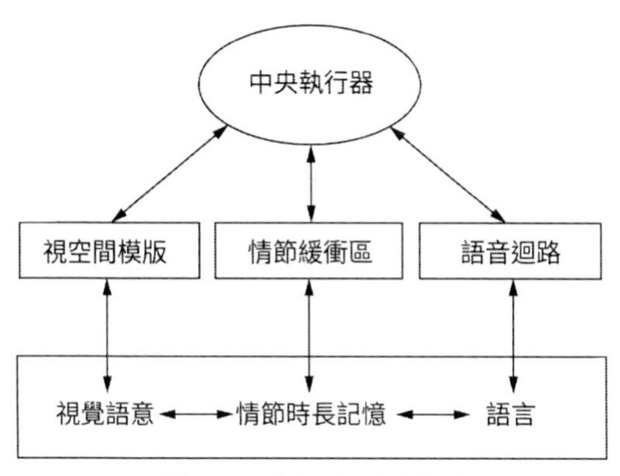

圖 3-9 工作記憶理論模型

你默讀時頭腦裡會有聲音嗎？在語言記憶過程中，尤其是非母語的記憶過程中，我們常以聲音的形式加工語音訊息，默讀時頭腦裡的聲音就是語音迴路在幫助我們提高短期記憶的一種表現形式。當然了，你會發現如果進行的是快速閱讀，那麼腦海裡的聲音就會因為跟不上眼睛的移動速度而逐漸消失，此時的閱讀是直接從視覺到意義，跳過了語音通路。但是這種現象只能發生在我們熟悉文字內容的情況下，對於之前不了解的新字或非母語的閱讀環境，默讀是不可避免的。

視覺空間模板，顧名思義，就像一塊畫板，它能將所有的空間位置在大腦中展示出來。比如我讓你回憶你在學校的座位，你的腦海裡就會出現對應的畫面。《新世紀福爾摩斯》（*Sherlock*）中福爾摩斯的腦海裡有一座記憶宮殿幫助他記

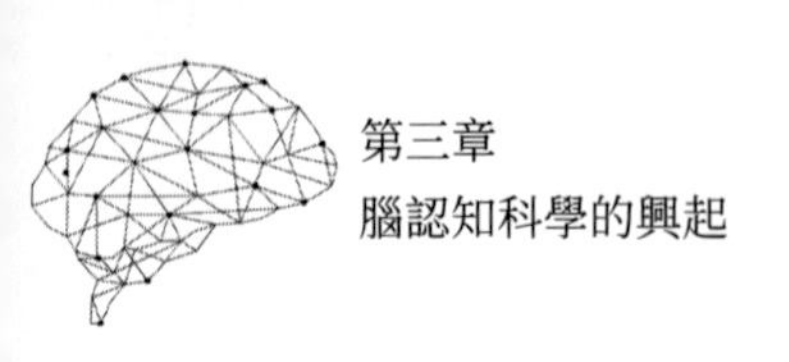

憶，這個宮殿的打造就是利用了視覺空間模板。而情節緩衝區則類似於大腦的中轉站，它一方面收集新訊息，另一方面也從你的長期記憶中提取訊息，同時把兩方面的內容整合起來，變成我們可理解的訊息。

如果說短期記憶是大腦的記憶體，那麼長期記憶就當之無愧的是大腦的硬碟了，進入長期記憶的訊息，可以在大腦裡儲存相當長的時間。長期記憶又可分為陳述性記憶和非陳述性記憶，實際上，就是我們之前提過的外顯記憶和內隱記憶。前者可以透過我們有意識地回憶和再認而提取，比如你對學騎腳踏車那天（事件）的記憶，或者對腳踏車這一物體（事實）的記憶；後者則是一種無意識的記憶關聯，比如學會騎車後，你坐上腳踏車就能自然而然地蹬腳踏板。

升級並更新大腦的硬碟

本章最後，我們來解決大家一直關心的問題：怎樣提高記憶能力？

不知道你有沒有過這樣的經歷：從客廳走到臥室，剛一進去，忽然就忘了自己要去做什麼；出門前惦記著一定要帶某樣東西，出門之後發現還是沒帶；明明鎖了門，但是下樓後就開始忘記自己有沒有鎖門……

這些情況讓不少人非常擔憂：自己是不是失智症了？

不要擔心，絕大部分人，尤其是像你這樣的青少年，還遠遠到不了失智症的臨床症狀，甚至離輕度認知障礙都還相差甚遠。如果還是擔心，可以上網搜尋「簡易認知功能評估量表」測試一下自己的認知狀況，這是臨床上篩檢整體認知功能最常用的方法之一。測試完這個量表之後，相信你就可以完全放下心來了。

儘管如此，現代社會確實有越來越多的人或多或少地出現了記憶上的困擾。之所以強調現代社會，是因為在資訊科技飛速發展的當下，無處不在的網際網路確實在相當程度上影響了我們的記憶。

一項哈佛大學的研究發現，當人們知道自己所需要的資訊可以在網路上查到時，大腦就傾向於遺忘這些吃訊。由這項研究誕生了一個詞 —— Google 效應。人不可能記得住所有事，且大腦會自發地對獲取的資訊進行分類標記。顯然，對於容易獲取的資訊，大腦就沒什麼必要將它們都儲存起來。因此，人們以為被大腦儲存下來的資訊，其實大多被遺忘了，這種現象就是 Google 效應。可見，網際網路的出現雖然令知識獲取變得十分方便，卻也改變了人們的學習和記憶方式。當我們認為某個訊息可以透過搜尋輕易獲取時，對這個資訊本身的記憶便淡了，取而代之的是增強了對去哪裡找到這個資訊的記憶。

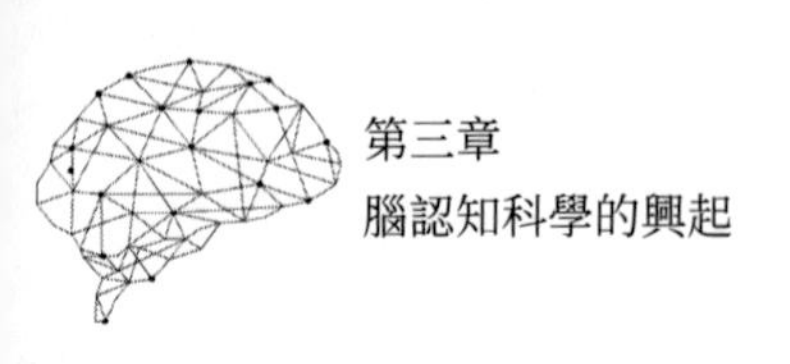

這項研究提示我們，行動網路帶給我們生活的變化遠比想像中的大，只是很多人沒有意識到。誠然，資訊科技的進步並不算是一件壞事，手機、電腦、網際網路、雲端硬碟等，都變成了大腦的延展，只是我們的大腦在這個過程中自適應地調整了對資訊的記憶和加工策略。簡單地說，就是很多資訊我們都「不記在腦袋裡了」。那麼在這樣的時代背景下，我們該如何提升記憶能力、替大腦的硬碟維護更新呢？

在這裡，有 3 個建議：

首先，多練習工作記憶。上一部分中，我們提過工作記憶可以看作是感覺記憶和長期記憶的橋梁，具有優秀的工作記憶能力往往代表可以在短時間內完成記憶的編碼和儲存，這有利於之後的提取。因此，你可以刻意地進行一些記憶訓練，比如在規定時間內背下一篇課文或固定數量的單字，或者在路上無聊的時候試試能記住多少過往車輛的車牌號等等。

其次，採用多種編碼形式。在本章開始的 2 個小節中，我們已經詳細地介紹了編碼對記憶提取的重要性。心理學家通常認為，編碼的標籤越接近語義，提取時就越有效。意思就是，根據某個詞的使用含義去編碼，對於這個詞的記憶就更扎實。在此基礎上延伸出來的理論就是，對於一個訊息的編碼方式越多，後期也就越容易提取。比如對於一個知識點，你上課認真聽講，課後及時完成作業，考前又認真複習，同時還能幫同學解答相關的問題，那麼，你對這個知識點的掌握就比僅單純反覆背書的同學要好得多。

最後，主動地讓「注意」參與到記憶過程中。還記得這一節內容的標題嗎？—— 記憶與注意。雖然本章用大量的篇幅去介紹了什麼是記憶，以及關於記憶的一些常見現象，但實際上注意對於有效記憶的重要性同樣不可忽視。注意是人們留意一些東西的同時忽略另一些東西的能力，影響著我們如何分析感覺輸入、編碼加工輸入的訊息。認知科學研究中有這樣一個有趣的理論：當我們和朋友在一個雞尾酒會或某個喧鬧場所談話時，儘管周邊的噪音很大，我們還是可以聽清朋友所說的內容。這一現象為稱為雞尾酒會效應（cocktail party effect）。它反映了在同一時間可以進入意識的資訊量是有限的，我們不可能注意並同時處理所有作用於我們感覺器官的事物和刺激，大腦會幫我們選擇性地注意一些重要的訊息，而封鎖其他事情。因此，在記憶的過程中，如果有太多的干擾因素分散了大腦對訊息的注意，就很難對訊息做出有效的編碼。集中注意力，對訊息進行更深入的編碼，有利於短期記憶向長期記憶的轉化，這樣就能減少轉身就忘的情況發生了。

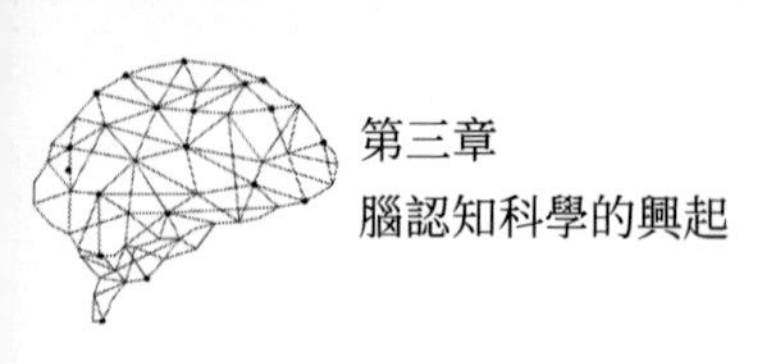

可見，想要提高記憶能力，甚至做到「讀一遍就能背誦」，其實並沒有捷徑可走，它需要你不斷練習、不斷努力以及全神貫注地投入。就像愛迪生說過的那樣：「天才就是1%的天分加上 99%的努力。」

小結

在本章中，我們首先介紹了視覺、聽覺、嗅覺、味覺和觸覺 5 種感覺，它們是人類認識世界的基礎，讓我們可以感知周圍的環境。之後，進一步介紹了大腦的 2 個高級認知能力：運動控制、記憶與注意，闡明了這些功能相關的心理過程和神經機制，以及生活中與這些功能相關的常見事例。

第四章

「腦機介面」走進我們的生活還有多遠

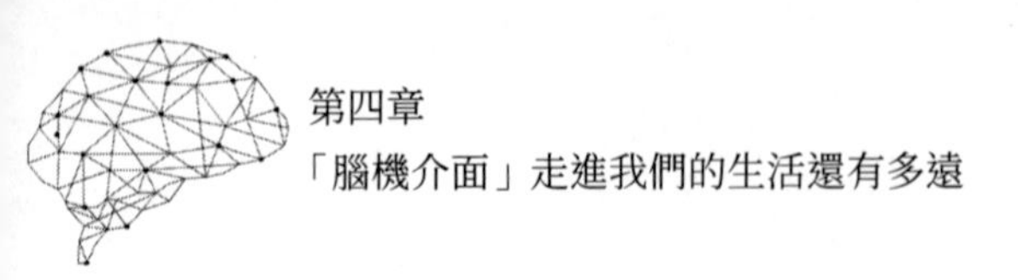

你是否幻想過用意念或者精神狀態去操控機器，解救肢體功能障礙患者？隨著不同工程科學的進步，為提高相關工作的安全性和有效性，降低系統的整體複雜性，減少執行任務所需的時間，同時增強系統能力，各種跨學科工程和人類協同整合設計的需求日益增加。這促進了機器控制的發展。機器控制是指從人體器官或神經系統中獲取電子生物訊號，然後從獲得的訊號中提取出特徵，以此來確定人體的身體或精神狀態和意圖，最後，將不同的人類意圖作為一種適當的控制命令轉變成機器的物理動作。在這樣的背景下，「腦機介面」逐漸走進我們的生活。

腦機介面技術

什麼是腦機介面技術？

在過去的十幾年中，腦機介面（brain-computer interface，BCI）成了一個非常重要的研究課題。透過解析大腦神經元放電訊號得到分類指令，實現對外部裝置（如腦控外骨骼、腦控輪椅等）的控制，腦機介面在醫療、軍事、神經娛樂、認知訓練、神經生物經濟學等方面都有所應用。

2000 年，第一次國際腦機介面技術會議將腦機介面定義為不依賴周圍神經和神經的正常輸出通路的通訊系統。Wolpaw 在綜述中很有說服力地闡述了這一原則：「腦機介面將電生理訊號從僅僅反映中樞神經系統活動轉變為該活動的預期產物——對世界的訊息和命令。它將反映大腦功能的訊號轉變為該功能的最終產物：像傳統神經肌肉通道的輸出一樣，這種輸出實現了人的意圖。腦機介面用電生理訊號以及將這些訊號轉換為動作的硬體和軟體取代神經和肌肉以及它們產生的動作。」

腦機介面是一種基於電腦的系統，可實時採集、分析腦訊號並將其轉換為輸出命令，涉及神經科學、機器學習、訊號處理、機械工程、心理學等多個學科。透過腦機介面技術可以實現許多功能，如意念打字；士兵在戰場上透過大腦遠端操作機器人或無人機作戰，可以減少人員傷亡；肢體功能障礙患者可以透過大腦控制物體移動等，比如輪椅行駛。類似以上這些情況的透過腦機介面技術最終實現腦和外部裝置相互交流的方式稱為腦與機器人互動。

在沒有任何其他肌肉運動的情況下，腦機介面透過使用精神思維來控制外部裝置的裝置，從而在沒有任何其他幫助的情況下提高身心障礙人士的生活品質。作為一種新的意識輸出和執行形式，使用者必須有回饋才能提高它們執行電生理訊號的效能。就像嬰幼兒蹣跚學步、運動員或者舞蹈家完善自己的動作，使用者的神經變化與輸出必須與自身表現的回饋相匹配，才能調節並改良整體表現，達到預期的目標。因此，大腦需要對行為回饋適應，腦機介面技術也應該能夠進化到適應不斷變化的使用者大腦，以實現功能完善。這種雙重適應要求使用者和電腦都需要一定程度的訓練和學習。電腦和實驗對象的適應能力越強，所需的控制訓練就越短。

腦機介面技術的實現共包括下述四個主要因素，如圖 4-1 所示：

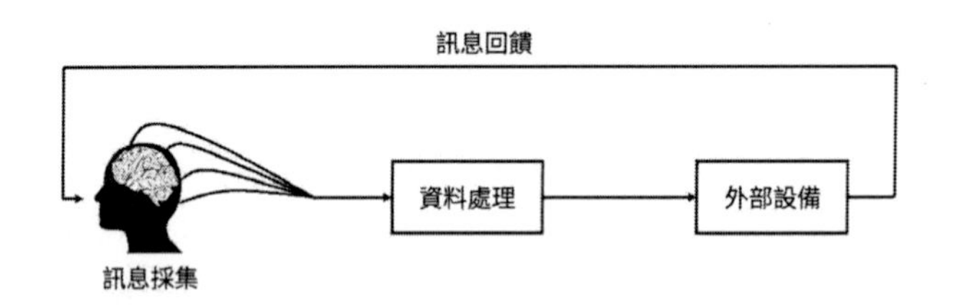

圖 4-1 腦機介面技術的實現過程

①訊號採集。腦機介面系統所記錄的大腦訊號或訊息的輸入，然後將該訊號進行數位化以便分析。

②訊號處理。將原始大腦訊息轉換成有用的裝置命令，這既包括特徵提取，確定訊號中有意義的變化，也包括特徵轉換，將訊號變化轉換為裝置命令。

③裝置輸出。由腦機介面系統管理的命令或控制功能，這些輸出可以是簡單形式的基本文書處理和通訊，也可以是更高級別的控制，例如駕駛輪椅或控制假肢。

④操作協定。系統開啟和關閉的方式，這是指使用者控制系統如何執行的方式，包括開啟或關閉系統，提供何種回饋以及回饋的速度、系統執行命令的速度，以及在各種裝置輸出之間切換。

腦機介面技術的前世今生

1929 年，人類腦波的發現者——漢斯·伯格（Hans Berger）記錄了人類腦波活動後，利用思想控制機器便從虛構的想像逐漸進入科學探索階段。1934 年，科學家 Adrian 和 Matthews 開發了獲取腦波訊號的腦電裝置。同年，生理學家 Fischer 和 Lowen 發現腦波訊號中的尖峰訊號，第一個腦電圖實驗室在波士頓建立。1940 年，來自西北大學的生物物理學教授 Franklin 開發一種腦電圖模型來檢測動作時的腦波。1950 年，William Watt 發明腦波圖，以描繪頭皮周圍的電活動。這項技術幫助神經學家和研究人員更好地辨識大腦訊號並做紀錄。腦機介面這個詞可以追溯到 1970 年代發明的使用視覺誘發電位的腦機介面系統。從那時起，電腦技術、機器學習和神經科學的進步使得各式各樣的腦機介面系統得以

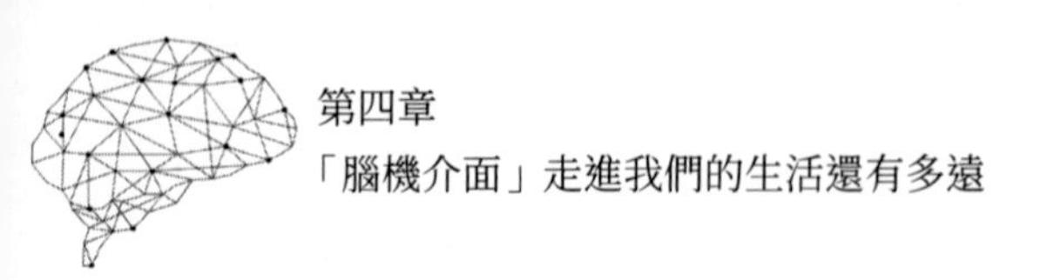

發展，腦機介面技術的探索逐漸發展。1969 年，華盛頓大學醫學院利用猴子進行腦波生物回饋的研究。1980 年，Schmid 利用微電極將長期侵入性腦機介面連線系統與中樞神經系統連線以控制外部裝置。1990 年代，杜克大學完成對老鼠運動腦波的初步研究，從腦波中收集的訊號被轉換成思維來控制機器人。在 2000 年，Nicolas 成功地在一隻夜猴身上實現了侵入性腦機介面技術，它透過操作操縱桿來重建手臂運動以獲取食物。經過更新後，猴子能夠透過視覺回饋控制機器人手臂的運動，透過影片螢幕上移動的游標來抓住物體。2014 年，科學家透過腦電圖與經顱磁刺激技術實現無創的腦對腦直接交流。

2019 年，科學家利用人工智慧將腦訊號轉化為語音並進行播放。

近些年，各國紛紛將腦機介面納入重點研究的方向。2012 年，加拿大創造了具備簡單認知能力的虛擬大腦；2013 年，美國政府正式提出「推進創新神經技術腦研究計畫」，同一年歐盟委員會宣布「人腦工程」為歐盟未來 10 年的「新興旗艦專案」；2014 年，美國重點資助了 9 個大腦領域的研究，包括著名的「DAPPA」大腦計畫、「阿凡達」計畫；2015 年，加州理工學院的科學研究團隊透過讀取病人手部運動相關腦區的神經活動，成功幫助一位癱瘓 10 年的高位截癱病人透過意念控制機械手臂完成喝水等較為精細的任務；2016 年，荷蘭烏特勒支大學的研究團隊透過腦機互動技術，使一位因漸凍症而失去運動能力及眼動能力的患者透過意念實現在電腦上打字，準確率達到 95%。

醫療領域中的腦機介面

讓「假如給我三天光明和聲音」成為現實

大家一定對海倫 · 凱勒（Helen Keller）的故事不陌生。這位美國女作家出生於 19 世紀，幼年因病失去視覺和聽覺，但即使生活在一個沒有光和聲音的世界裡，她仍然刻苦學習和寫作，《假如給我三天光明》（*Three Days to See*）鼓舞了一代又一代人。然而，如果海倫 · 凱勒出生在當今時代，「三天光明」甚至「三天聽覺」都有可能在腦機介面技術的支持下成為現實。

相信大家都對《駭客任務》系列電影記憶猶新。在《駭客任務》中，現實世界的人類透過在身體裡插入聯結器的方式實現和「母體」世界的連線，人類的意識可以透過這

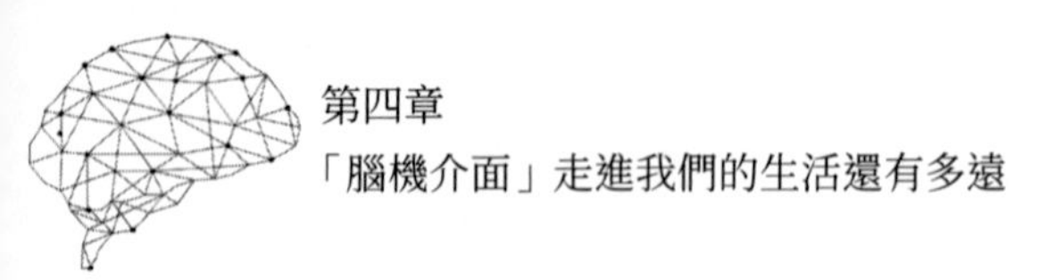

個「介面」進入電腦，所有的知識都能夠以數據的形式下載到大腦裡，每個人都可以在短時間內迅速學會功夫、甚至成為一名全能型「高材生」。這便是典型的「侵入式」腦機介面。

隨著腦科學研究的深入，以及腦機介面技術的高速發展，腦機介面技術正逐步從科幻世界滲透到現實生活。利用大腦訊號直接操控外部機器，以及利用外部訊號刺激繞過神經系統，直接對人的大腦產生刺激等電影中才能看到的場景，已經逐步在現實世界實現。至此，不少科學家做出了與《駭客任務》男主角尼歐相同的抉擇，在「藍紅藥丸」中選擇了紅色藥丸，致力於利用腦機介面技術攻克如今醫療領域面臨的諸多難題。

透過第 3 章的學習，我們知道人眼是人體工程學上的一個奇蹟，是人類最重要的感官之一，也是我們的心靈窗戶。人體所有感官的受體 70% 位於眼睛，大腦皮層中有 40%被認為與視覺訊息處理的某些方面有關聯。每個人都希望自己的眼睛明亮又健康，能夠清楚地看到這個美麗的世界，感受一切色彩與光明。然而，當今全球仍有 5,000 多萬盲人，至少有 22 億人受到不同形式的視力障礙，2.85 億人（該數據來自於 2021 年歐洲議會身心障礙人士論壇）視力受損，對於他們來說，恢復正常視力，甚至重見光明都是一個遙不可及的夢。然而在腦機介面技術的存在的支持下，一種不需要視覺刺激系統直接參與，而是透過將光學訊息直接發送到大腦的視覺皮層，從而讓大腦直接獲得基本視覺的方法已成為可能。那麼這種利用腦機介面技術實現視覺的「人工眼球」是怎麼工作的呢？

首先我們再來複習一遍視覺產生的機制。我們知道光是人類視覺刺激的關鍵。光本質上是一種電磁輻射，可以透過刺激視網膜從而產生視覺。電磁波按波長可以分為無線電波、紅外線、可見光、紫外線、X 光和伽馬射線，可見光又根據不同波長分為紅色、橙色、黃色、綠色、青色、藍色、紫色等顏色。人眼只能對其中很小範圍，即大致為 380 ～ 740 奈米的波長，產生視覺。人眼接收的是物體反射的光，我們看到的世界是五顏六色的，這是由於物體的可見顏色取決於其吸收或反射的光的波長，例如一般植物的葉子反射綠色的波段，吸收其他顏色波長的波段。

人的眼睛本質上是一個複雜的光學感應器，由角膜、瞳孔、水晶體、玻璃體、視網膜、感光細胞等結構組成，功能上與照相機類似。照相機成像的原理是，光通過一系列光學元件後，完成折射和聚焦，穿過光圈孔到達成像平面，從而形成影像。人眼的各種結構實現類似的基本功能：角膜和水晶體實現聚焦功能，虹膜類似光圈控制裝置，可以控制光通

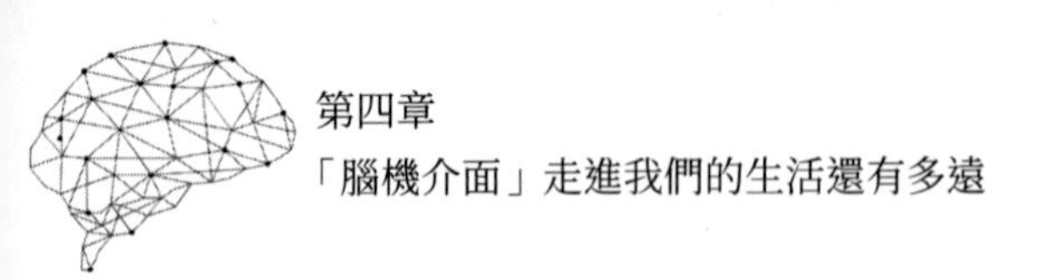

量，光通過這一系列結構後落在幾乎透明的視網膜上，直至其最深的一層色素上皮層，然後反射回布滿感光細胞的相鄰層。感光細胞根據形狀的不同分為視桿和視錐，從色素上皮層反射的光刺激感光細胞後，改變了其電效能並釋放神經傳送體刺激相鄰的神經元，從而使神經脈衝在細胞間傳遞，傳至神經節細胞的軸突後，通過視神經和視覺盲點傳至大腦的視覺皮層，最終形成視覺。

對於絕大多數盲人來說，視覺受損的主要原因是眼睛或視神經受損，而大腦皮層的視覺中樞可以正常工作。因此，為了更好地解決視覺受損的醫學難題，科學家們致力於開發一種「人工眼球」裝置，可以繞過受損的眼睛或視神經，直接將外界影像訊息傳輸到大腦皮層，從而形成視覺。

基於腦機介面的人工眼球不再依靠感光細胞、視覺神經元，也不利用視覺細胞光訊號到電訊號的轉換過程，而是利用體外處理器將影像訊息進行人工處理與編碼，將光訊號直接轉換為電訊號，再透過插入的微電極陣列傳導到大腦皮層的視覺中樞進行刺激，形成視覺。具體來說，「人工眼球」系統在大腦皮層的視覺中樞上植入微電極陣列，再將植入物與外界的影像採集裝置、影像處理裝置配對，其中影像採集裝置為一副中央安裝了攝影機的眼鏡，用於採集眼前的影像訊息，影像處理裝置用於光訊號和電訊號之間的轉換，同時將訊號傳輸到大腦皮層。人工眼球工作時，攝影機捕捉進入使用者視野的影像，並將這些影像訊息發送到電腦，電腦對其進行人工處理與編碼，將其轉換成電訊號，並傳輸到微電極陣列。電極對視覺神經系統進行刺激，使盲人形成視覺。

早在 1996 年，來自美國猶他州的猶他大學的研究人員就成功開發出了這種「人工眼球」。在他們的實驗中，研究人員將排列著 100 個長度為 1.5 公厘、面積為 12.96 平方公厘的針狀金屬薄片電極植入失明患者大腦皮層，成功讓其產生了「光幻覺」，患者可以描述研究人員預測的顏色，並且隨著光斑的位置轉動眼球。然而，為了幫助盲人患者形成視覺，僅僅呈現光幻覺是遠遠不夠的。我們知道電子螢幕是由一個個畫素點構成的，因此有人提出，如果電刺激視覺皮層產生的小光點的視覺感知能夠結合成連貫形式，類似電子螢幕上的畫素，是不是就可以在盲人患者的大腦皮層形成一幅完整的影像了呢？

為了讓「人工眼球」更好地幫助盲人看到世界，2020 年 5 月，國際頂級期刊《細胞》（*Cell*）上發表了一項來自美國貝勒醫學院 Daniel Yoshor 教授團隊的研究成果，該團隊透過動態電流電極刺激大腦皮層，成功在失明患者腦海中呈現了指定的影像。Yoshor 教授表示：「當我們使用電刺激在患者大腦上直接追蹤字母時，他們能夠『看到』預期的字母

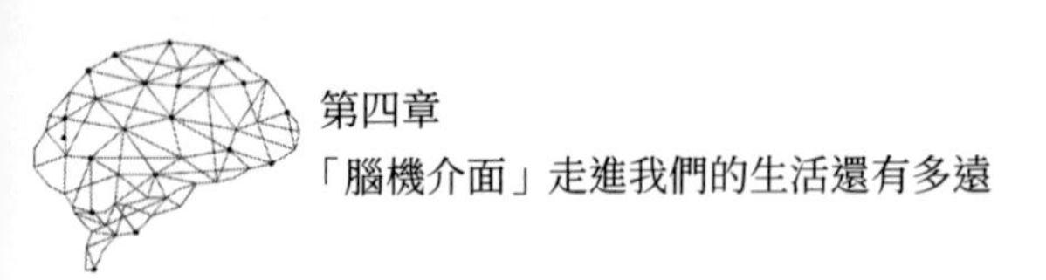

形狀，並正確辨識出不同的字母。他們把這些字母描述成發光的斑點或線條，就像正常人看到天空中出現的字母一樣。」該團隊對傳統的電極進行改進，結合電流轉向和動態刺激，透過對電流進行精準控制，依次啟用不同的電極，實現字母或圖片輪廓的繪製。如此看來，幫助盲人「看到」更複雜的訊息，實現他們看清世界的夢想指日可待。

除了視覺外，聽覺也是人類感知世界的一個重要管道，是人類與外界溝通最重要的手段之一。然而，聽障人士也是一個龐大的群體，全球大約有 4.66 億人和海倫·凱勒一樣患有殘疾性聽力損失，其中 3,400 萬人是兒童，且這一數字仍在上漲。他們因為聽覺障礙影響了與外界的交往及生活品質，因此，「人工電子耳」是最早開發並成功應用的腦機介面技術之一，它可以為患有嚴重感音神經性耳聾且傳統助聽器無效的人提供人工聽覺。「人工電子耳」又是怎麼工作的呢？

在了解人工電子耳的工作原理之前，我們再來複習一下聽覺的產生過程。聽覺的產生非常複雜，一般是聲音透過空氣傳導。我們平常看見的「耳朵」，其實是外耳的耳廓部分。耳廓負責收集外界的聲波，使其順利匯聚入外耳道，透過耳道引起鼓膜的振動，進而引起和鼓膜銜接的中耳的聽小骨的振動。聽小骨的振動將聲波轉化為壓力波，傳遞給耳蝸。耳蝸之所以叫耳蝸，是因為形似蝸牛殼，但耳蝸裡充滿液體和毛細胞，液體的擾動會造成毛細胞彎曲，毛細胞就會製造神經訊號，訊號透過內耳神經，傳匯入大腦皮層中的聽覺中樞，從而引起聽覺。

人工電子耳不再依靠外耳、中耳的傳導和放大功能，也不透過從聲訊號到電訊號的轉換過程，而是靠體外處理器將聲音轉為電訊號並直接刺激聽神經，再傳導到聽覺中樞產生聽覺。人工電子耳主要包括植入體和體外機兩個部分。體外機負責接收聲音，並將其轉換成按語言資訊編碼的電訊號。植入體透過植入式手術放置於耳後的顳骨表面，參考電極植入骨膜下，工作電極植入耳蝸內，植入體接收到電訊號後，電脈衝透過電極通道序列刺激神經，從而產生聽覺。

看來，如果海倫・凱勒出生於21世紀，在腦機介面技術的支持下，她不僅能實現「假如給我光明」，還能夠重獲聲音，擁抱這個五彩斑斕、鳥語花香的世界。未來腦機介面領域還將創造怎樣的醫學奇蹟呢？讓我們一起拭目以待！

幫助肢體身心障礙患者重新「動起來」

隨著各類身心障礙人士和長期臥床的老年人數不斷增加，如何幫助這類人士已經成為一個十分嚴重的社會問題。隨著人機互動技術的發展，機器人在協助老年人與身心障礙

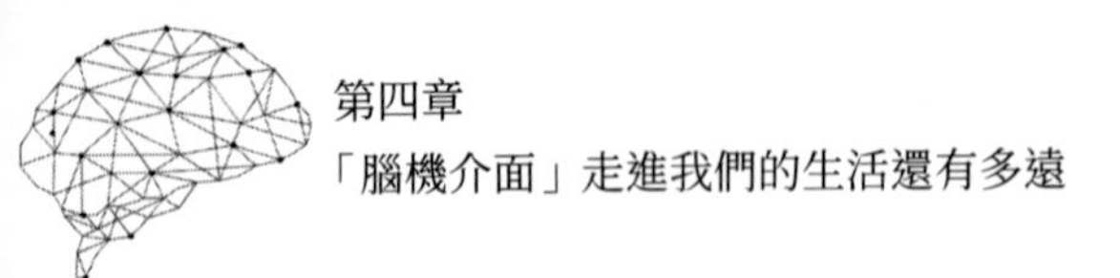

人士、醫療康復等領域扮演著日益重要的角色。機器人有望為這些族群提供居家養老、身心障礙人士主動護理和神經系統疾病患者主動康復等全方位的服務，為提高生活品質、保證社會的穩定發展發揮重要作用。

近些年來，腦機智慧技術的快速發展，為人與外部世界提供了一種全新的溝通交流方式。例如，腦機介面可以使失去活動能力的患者恢復其語言功能、行為表現等，如實現語言功能喪失患者的外界交流；輔助四肢完全喪失功能的身障患者在無人照看的情況下操作輪椅；幫助漸凍症、中風等患者提高生活品質與生存能力。研究人員嘗試使用腦機智慧技術去控制機械臂，外骨骼、控制導航醫療機器人的進行運動，為老年人提供了一種輔助生活的便捷方式。

但是這方面的研究仍存在以下問題：

① 大多數腦機智慧系統人機互動做得好，使用者體驗不好，使用者無法實時了解被控外設的位置。很多研究將導航機器人的控制與穩態視覺誘發電位刺激之間的關係割裂開來。

② 傳統控制方法效率低下，使用者透過控制機器人的前後左右使其緩慢移動到目的地。由於機器人控制演算法的局限性加上腦機介面系統的延遲，機器人的控制變得更加困難。

針對上述問題，腦機介面的腦控智慧機器人系統正式開發。首先，為了提高腦電採集裝置的精度，該系統將空間濾波演算法植入到腦電採集裝置中；其次，為了增強人與機器的互動以及對環境的感知，設計了基於機器視覺的動態虛擬實境和穩態視覺誘發電位相結合的正規化，在真實環境下對物體進行辨識與追蹤，並使用閃爍塊標記物體；基於虛擬實境與穩態視覺誘發電位的線上腦機介面系統，開發腦電預處理演算法、特徵提取和分類演算法，並進行驗證，為腦控機器人的應用提供了很好的技術支援；最後，設計了基於人機協調控制的多自由度腦控機器人樣機，對各組成模組作了詳細地設計和驗證，以滿足實時的控制任務需求腦機智慧與神經工程實驗室提出的智慧機器人系統平臺架構如圖 4-2 所示。

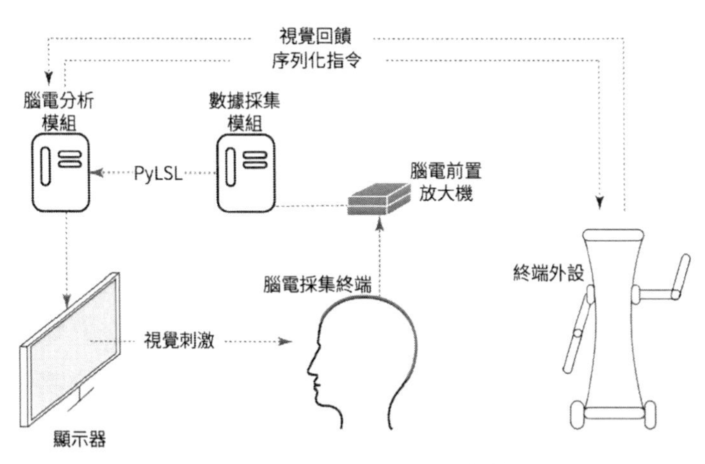

圖 4-2 智慧機器人系統平臺架構

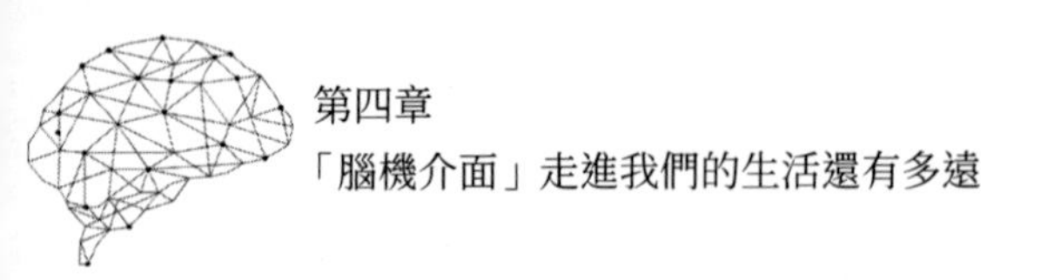

智慧機器人系統平臺主要包含以下兩項核心技術：

① 設計了基於機器視覺的動態虛擬實境和穩態視覺誘發電位相結合的正規化。傳統的穩態視覺誘發電位腦機介面控制系統無法與現實世界進行互動，長時間的閃爍刺激容易引起人類視覺方面的疲憊，影響辨識精度。為了增強人與機器的互動以及對環境的感知，該系統設計了增強現實和穩態視覺誘發電位結合的正規化，在真實環境下對物體進行辨識與追蹤，並將閃爍塊對物體進行標記。

② 搭建了基於人機協調控制的多自由度腦控機器人裝置樣機，將機器智慧與人類智慧相結合，腦控作為第一控制指令，機器人在人類智慧的決策下執行相應的智慧化作業，從而滿足複雜的作業任務需求。機器人領域正朝著智慧化的方向發展，機器人可以透過傳感器感知周圍的環境和自身的狀態，並能進行分析判斷，然後執行相應的行動。雖然現實生活中機器人表現出來的智慧化水準已經令人驚嘆，但離它理想的狀態還存在一定差距。在某些方面，比如環境適應能力、自主控制能力和環境感知能力等，機器智慧是無法超越人類的。機器智慧很擅長電腦運算，在演算法的可推廣性方面更具優勢，同時也更擅長於長時間運算，但是在邏輯思考能力方面不如人類智慧。比如，在避障方面，機器智慧經過多年的發展也只能實現簡單場合的避障行為，在複雜場合下

遠遠低於人類智慧。深度學習技術快速發展，在影像處理、自然語言處理和影片處理等方面表現出了卓越的效能，但是在邏輯思考、危險預判方面還有著非常大的缺陷。雖然人類學習需要消耗很長的時間，但是人類一旦掌握基礎知識之後，便能夠進行相關的邏輯思考、類比推流，人類智慧的這種優勢剛好彌補了機器智慧的不足之處。所以，人類智慧與機器智慧兩者相互依存，不可分割，兩者是互補的狀態。

軍事領域中的腦機介面

科技強軍中的「腦控」技術

你是否曾幻想過透過「意念控制」像阿凡達男主一樣騎著「坐騎」馳騁在天空？你是否也希望像阿凡達男主一樣擁有第二分身？如果我們也能夠透過「意念控制」體驗遠在千里之外的美景，那感覺將會多麼美妙！我們還可以更進一步地思考，電影中的「意念控制」技術如果能夠應用於戰爭中，將會極大地提高現代戰爭的效率，降低戰爭的傷亡。

科技兌換想像，科技不止一次將電視劇中的幻想帶到了

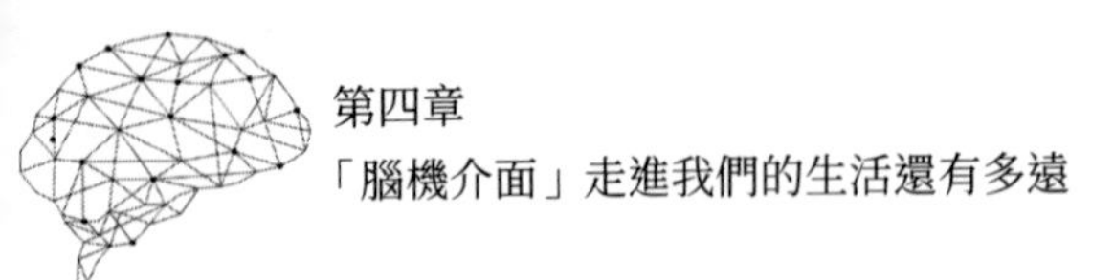

現實中。幻想是科學的來源，幻想總是會走在科學前面。更為確切地講，所有科技的進步都源自於人類的夢想，如果沒有夢想，人類就不會有研究的動力。現代科技從來不會讓我們失望，《阿凡達》（*Avatar*）中所涉及的「意念控制」已經不再是導演詹姆斯·卡麥隆（James Cameron）的幻想。其實，「意念控制」就是基於腦機介面技術實現的。腦機介面技術可以讓使用者擁有感知外部世界並透過「意念控制」操控物體的能力。《阿凡達》中男主所佩戴的裝置就是腦機介面裝置，科學研究人員透過電腦技術解讀男主的腦波訊息，將男主的運動意圖轉化相應動作來驅動阿凡達的身體。

其實，美國國防高級研究計畫局早在 60 年前就已經開始了對「意念控制」的研究。說起美國國防高級研究計畫局，就不得不談一談這個機構所成立的背景以及所肩負的使命。美國國防高級研究計畫局是美國國防部屬下的一個行政機構，負責研發用於軍事用途的高新科技。美國國防高級研究計畫局成立於 1958 年，當時正值美蘇冷戰時期，雙方積極展開備戰，希望能夠在軍事領域占據領先地位。也就是在這個時間，蘇聯先於美國在 1957 年 10 月 4 日發射了「史普尼克 1 號」衛星，這使美國感到了前所未有的危機。於是美國國防高級研究計畫局順勢而生，肩負著保持美國軍事科技較其他的潛在敵人更為尖端的使命，大力從事超前的國防科技研發。如同美國國防高級研究計畫局的自述：「從 1958 年創立起，美國國防高級研究計畫局的最初使命，是為了防止如同『史普尼克』發射的科技突破，這象徵著蘇聯在太空領域打敗了美國。這個使命宣言也隨著時代而演進。美國國防高級研究計畫局的任務仍然是防止美國遭受科技突破的同時，也針對我們的敵人創造科技突破。」

腦機介面技術是美國軍方美國國防高級研究計畫局的一個重要研究分支。由於腦機接介面技術能夠實現人腦對於武器裝備最為直接的控制，能夠賦予現代武器裝備高度智慧化的效能，該技術受到美國軍方的高度重視。美國國防高級研究計畫局在腦機介面領域投入巨大，透過向一些美國本土的研究機構資助研究經費開展相關研究。2004 年美國國防高級研究計畫局投入 2,400 萬美元用於資助美國杜克大學神經工程研究中心等 6 個實驗室開展意念控制機器人、腦聽器、心靈及生理響應系統、無線電催眠發生器等多項「腦機介面」技術產品的研發工作。其中意念控制機器人專案旨在打造可由士兵「意念遙控」的機甲戰士，從而可以實現在戰場上完成人類不可能完成的任務。2013 年美國國防高級研究計畫局資助了一項名為「阿凡達」的科學研究專案，目的是在未來使士兵能夠透過「意念控制」遠端操控「機甲戰士」（如圖 4-6 所示），從而代替士兵完成各種戰鬥任務，這正是從電影

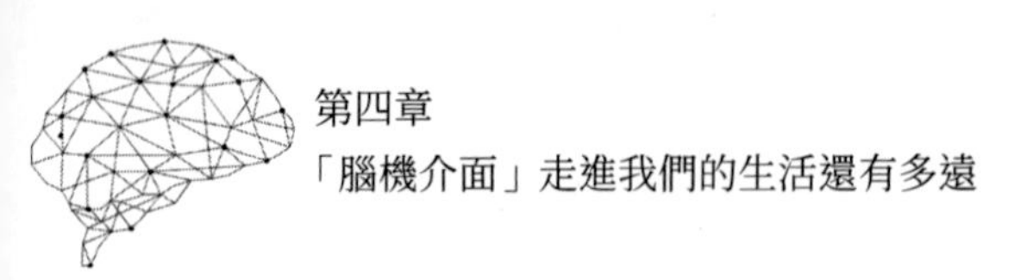

《阿凡達》中得到的啟發。在 2015 年，美國國防高級研究計畫局立項資助了一項戰鬥機相關的研究，目的在於賦予戰鬥機飛行員同時操控多架飛機和無人機能力。直到 2018 年 9 月，美國國防高級研究計畫局宣稱：「藉助腦機介面技術和輔助決策系統，戰鬥機飛行員已能同時操控 3 架不同類型的飛機。」美國空軍已經能夠利用腦機介面技術提高戰鬥機飛行員的快速反應能力。

2021 年 7 月，美國釋出關於腦機介面在美軍事中的應用及建議，評估了腦機介面技術在軍事領域的潛在應用，並且提出了未來可能面臨的風險及相應的解決措施。隨著科技的發展，世界主要科技強國紛紛意識到腦機介面對科技強國的助推作用，紛紛開始開展相關研究占據主動權。

未來，腦機介面在軍事領域的應用主要可分為以下 3 個方面：

①仿腦技術：武器的「智慧」可能接近人類。仿腦技術借鑑人腦的執行機制，開發出具有類腦訊息處理機制、仿生認知活動和智慧化行動能力的高智慧機器人。它的整體智力水準可能接近人類。

②腦控技術：利用思想控制對抗武器將成為現實。腦控制技術藉助腦機介面等建立人腦與智慧裝置之間的連線，基於檢測到的腦波訊息編譯電腦語言，實現人腦與智慧裝備之

間的雙向訊息傳輸，實現智慧裝備的直接控制，減少甚至取代人體肢體運動，最終實現武器裝備作戰靈活性、敏捷性和效率的飛躍。在腦控技術的支持下，思想戰爭成為可能，大規模機器人將填充未來戰場，人類在複雜戰場環境中的生理極限將被打破，人類將可以成為「運籌帷幄之中，決勝千里之外」的決策者。

③控腦技術：讓敵人受制於己方意志。控腦技術利用外部干預技術干擾甚至控制人們的神經活動和思維能力，導致對方精神失常或幻覺，迫使對方在不知不覺中做出違背自身意願的決定。控腦技術的關鍵是監控、收集和干擾大腦思維活動。控腦技術的基本原理是致幻劑效應，即大腦受到外部訊號干擾後，被控制方根據訊號的意圖做出決定並採取相應的行動。

太空人或許也可以「躺平」

大家都知道，太空中太空人會一直處於失重的狀態，行動是非常不方便的。尤其是進行一些需要出艙的操作時，笨重的太空服會讓一些地球上能夠輕鬆完成的動作變得更難更慢。事實上，太空人們都是經過相當強度的體能訓練的，可見在太空中，太空人的行動會受到多麼大的限制。而腦機介面技術，成為解決這一問題的可能技術之一。

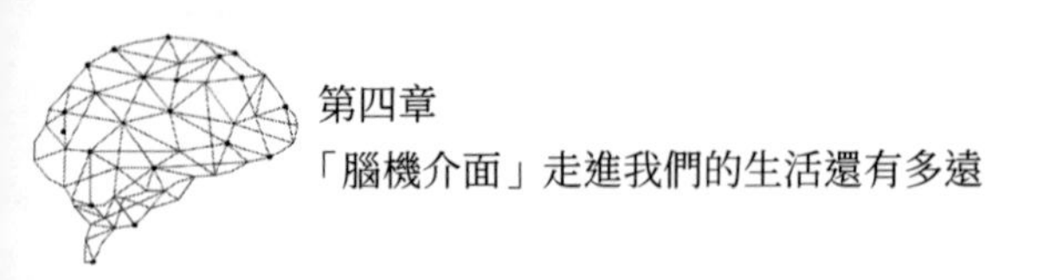

透過腦機介面技術，太空人直接用思想來輸出操作指令，既省去了太空人移動手臂去完成操作花費的大量時間，又減少了體力消耗和精神消耗。太空人只要「躺」在空中，就可以完成一系列運動意圖的指令輸出，從而完成一系列的飛船隔空控制。雖然現今的腦機介面技術受限於速度、容量和傳輸精度，無法真正應用到太空人身上，但這些局限會隨著該技術的發展而逐漸減小。在未來，腦控技術將會帶給太空人更多的幫助。

娛樂領域中的腦機介面

當人的頭上長出了「萌萌的貓耳朵」

在紛繁複雜的社交場合中，人們常常會感慨：長恨人心不如水，等閒平地起波瀾。的確，隨著年齡的成長，人們會漸漸地開始掩蓋自己真實的想法，或是因為羞於表達，或是為了不讓對方失望。小明就時常有這樣的煩惱。

小明是一個非常愛說話的同學，經常與朋友坐在一起侃侃而談，朋友也會在恰當的時候回應他。但有時候，朋友內心所想可能是這樣的：你說的這些對我而言沒有絲毫的趣味，我回應你也只是因為顧及朋友之間的面子。這種時候，小明常常是一直沒有發現而一直講下去。最後，小明的朋友們因為不願忍受這種感覺而漸漸地和小明的距離越來越遠。小明為此很苦惱，後來小紅送給小明一個帶有貓耳的髮箍，並告訴他在和朋友聊天的時候可以一起戴上，並在聊天的時候注意觀察對方髮箍上的兩隻貓耳朵。後來，小明在和朋友交談的過程中透過觀察貓耳的變化，第一時間看到了朋友們的情緒和態度，及時地轉移話題。因此，朋友們深切感受到了小明的體貼，逐漸願意和他待在一起。而小明，也因為善於觀察朋友們的喜怒哀樂，身邊的朋友也多了起來。

你是不是覺得這個髮箍非常神奇呢？它竟然可以像二次元的小貓咪一樣直率、可愛地表達出你的情緒。其實這個神奇的貓耳髮箍在現實生活中已經實現了。近年來，日本的神念科技公司就推出了一款頭戴式貓耳髮箍，叫作「意念貓耳」。外觀上看起來就是一個裝飾有貓耳朵的髮箍，但是實際上，這個小小的髮箍卻可以讀取佩戴者思想和精神狀態。當你對事物充滿興趣並專注於其中的時候，兩隻貓耳會豎起來；當你心情愉悅的時候，兩隻貓耳會來回擺動；當你情緒低落陷入悲傷時，兩隻耳朵也會隨著你的情緒垂下來；當你身心疲倦提不起精神的時候，貓耳也會跟著你一起「躺平」。

那麼這樣神奇的貓耳朵是怎麼實現的呢？

實際上，「意念貓耳」本質上是一個讀取和分析人類腦波訊號的腦機介面系統。大腦進行思考、情緒和各種行為時，數以萬計的神經元協同放電產生電訊號，這類電訊號可以在頭皮表面由電極採集到。透過高敏電壓表，可以實時地獲取頭皮電極處的電位訊息，這種訊息被稱為腦波訊號。人在不同的精神狀態或是進行不同的心理活動時大腦產生的電訊號也是不同的。所以透過分析頭皮電極處採集到的生物電訊號，就可以判別出人的所想。

「意念貓耳」一共包含 3 個電極：一個位於額頭處（這裡是與人情感活動相關的腦區所在位置），另外兩個分別位於人的兩個耳垂處（作為參考電極）。採集到的腦波訊號被傳輸到髮箍的內建晶片中進行處理。該晶片整合了情感運算庫，可以分析出佩戴者的注意力和放鬆程度，並將其量化，並進行打分。根據數值大小，對佩戴者的精神狀態進行定性分析，按照響應的人格特徵，對外面的兩隻貓耳朵發送控制指令。比如當晶片檢測到佩戴者的得分為 90 分，認為他處於注意力非常集中的狀態時，會對兩隻貓耳發送「豎耳朵」的指令，髮箍上的貓耳就會透過電機控制豎起來，給予人高度興奮的感覺。

當「腦控」走進元宇宙空間

在資訊科技發達的今天，手機、電腦等電子裝置讓很多人沉浸其中，網路聊天，手機購物等，都會給人一種身在家裡，心已飛到遠方的感覺。《攻殼機動隊》、《一級玩家》（*Ready Player One*）等膾炙人口的科幻作品，為觀眾們創造了一個個神奇的科幻世界。於是，「元宇宙」這一概念被提出。「元宇宙」是利用科技手段進行連結與創造的，與現實世界對映與互動的虛擬世界，為人們提供了一種新鮮的、低成本的休閒娛樂體驗。如何更好地與虛擬世界互動成為當今科技研究的一大熱門。為了更進一步提升人們在虛擬世界中的體驗效果，目前，一種非常直接的互動方式被提出，即「虛擬實境」。

虛擬實境技術是一種利用電腦生成一種可直接對參與者施加視覺、聽覺和觸覺感受，並允許其互動地觀察和操作虛擬世界的技術。例如，當帶上虛擬實境眼鏡時，視野內將完全變成用電腦設計好的虛擬世界中，給人一種身臨其境的感覺。

同樣作為一種更為直接的人機互動方式，腦機介面也在被越來越多地應用在虛擬實境技術當中。比如，在虛擬實境康複方面，患者可以透過監測和控制動畫運動來重新訓練大腦區域。虛擬實境技術也應用於設計和評估基於腦機介面的

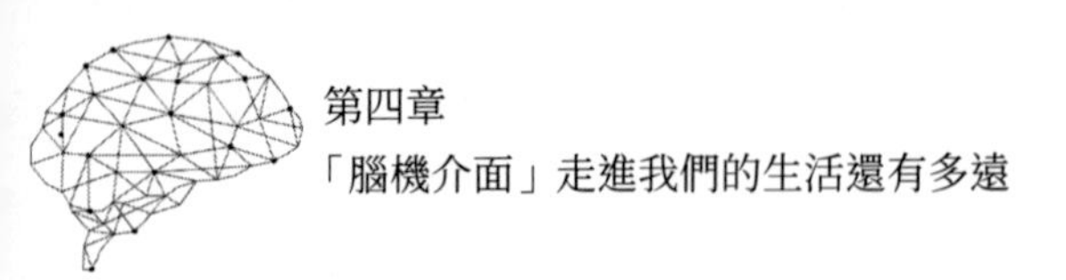

假肢，幫助完成日常生活需求。此外，虛擬實境可以為適應現實世界場景的程式提供良好的測試場地，尤其是身障患者可以在過程中學習控制自己的動作或執行特定的任務。

元宇宙在人們的日常生活也有著相當程度的應用。目前，人類就可以利用腦機介面技術操作博物館嚮導達到線上參觀博物館的目的。人可以利用事件相關電位訊號來控制機器人的導航，使用者可以獲得一種遠端遊覽的感覺。在新的圖形使用者介面中，透過聚焦於閃爍的導航箭頭來選擇命令。

為了簡化使用者介面，設計者將選擇過程分為兩部分。每個部分都由不同的事件相關電位誘發。第 1 部分是從輸入階段開始之前。在這種情況下，使用者被要求在兩個機器人之間進行選擇：機器人 1 和機器人 決定想要到達的地方，機器人 1 位於電腦科學系，而機器人 2 位於植物園。這 2 個機器人都配備了移動車輪、微控制器、紅外感測器、避免碰撞的聲吶環和攝影機。即一般來說，第 1 部分可以被認為是從 2 個機器人中選擇的，機器人 1 和機器人 2 位於 2 個不同的位置。使用者可以根據自己的喜好選擇機器人來參觀，在選擇機器人後，使用螢幕給出導航指令，使用停止按鈕停止。所有這些都是透過基於事件相關電位的大腦訊號來控制的。螢幕會顯示機器人攝影機生成的內容。

另外，在休閒娛樂方面，隨著腦機介面技術的融入，虛擬實境遊戲中的使用者體驗也會有大幅度改善。其中，智慧球遊戲旨在降低壓力水準，使用者透過放鬆來移動球，從而學會控制他們的壓力。駕駛直升機的遊戲可以讓使用者控制飛機飛行到虛擬世界中的任何一點，體驗飛行的樂趣。對於角色扮演類的虛擬實境遊戲，使用者也可以在具有穩態視覺誘發電位的沉浸式三維遊戲環境中可以實現對動畫角色的控制。也有一些較為休閒類的遊戲，使用者也可以透過大腦控制實現藝術設計方面的操作，如繪畫、塗色等。

傳統角色扮演類遊戲中，玩家角色的大多數動作都是系統預設的，玩家透過物理按鍵來對遊戲角色的動作進行操縱，實現有限的互動。而在腦機介面技術支援下的遊戲可以實現玩家對角色的自由控制。玩家在元宇宙中可以像現實世界一樣用自己的意志控制身體每一個部位的活動，實現與遊戲世界的自由互動。用過虛擬實境的玩家們應該了解，在進行遊戲時會產生眩暈感，這是因為虛擬實境世界中的虛擬物品缺乏實體導致視覺和觸覺產生割裂。而基於腦機介面技術的元宇宙遊戲中，由於腦機介面訊號的雙向傳輸，玩家會對虛擬世界產生實體感觸，你可以感受到晴天時太陽對身體的炙烤，也可以感受到在雨中奔跑時雨點對身體的拍打。

在元宇宙裡，玩家的「五感」都可以得到實現。終有一天，基於腦機介面的「元宇宙」，將不再只是一種想像、一種產品、一個空間，而是會成為一種新的「現實世界」。

小結

在本章中，我們首先介紹了什麼是腦機介面技術與腦機介面技術的發展史，接著介紹了腦機介面技術在醫療領域、軍事領域和其他領域的應用。

在醫療方面，腦機介面技術既可以幫助失明患者重新「看見世界」，又可以幫助聽力身心障礙患者重新「聽見世界」，還可以幫助身障礙患者重新獲得運動能力；在軍事方面，腦機介面技術已經成為世界各大軍事強國的競技場，哪個國家能在腦機介面領域取得突破，哪個國家將能在未來戰場占據先發優勢；在其他領域，腦機介面技術正在成為未來元宇宙空間的入口，在未來，人們將可以透過腦機介面技術進入在元宇宙空間休息、娛樂和生活。

第五章

類腦智慧發展的人工智慧時代

在漫長的歷史歲月中，我們一直認為是心在主宰自己的思想，就像人們常說的「心滿意足」、「心想事成」、「得心應手」……直到人們開始關注大腦，腦科學這一自然科學的「最後疆域」逐漸揭開面紗。隨著腦成像技術、大數據、人工智慧（artificial intelligence，AI）等領域的快速發展，世界各國對腦科學的研究和探索也愈發激烈，你腦海中有沒有浮現出一些你見過的人工智慧呢？讓我們跟隨本書的腳步走進第 5 章一探究竟吧！

跨入人工智慧時代

從 20 世紀被提出到現在，隨著相關理論和技術的日漸成熟，「人工智慧」已逐步成為一個獨立的學科，取得了長足的進步，不僅涉及電腦科學，更涉及心理學、語言學、腦科學等多個學科。「人工智慧」的應用展現在日常生活和前沿科技的各方面，如智慧推薦、機器人學、語言和影像處理、博弈、遺傳程式設計等。

人工智慧促進美好生活

談起人工智慧學科，就不得不提到達特茅斯會議。1956年8月，在美國漢諾斯小鎮的達特茅斯學院中，達特茅斯學院的數學系助理教授約翰·麥卡錫（John McCarthy）、人工智慧與認知學專家馬文·明斯基（Marvin Minsky）、資訊理論的創始人克勞德·夏農（Claude Shannon）、電腦科學家艾倫·紐厄爾（Allen Newell）、諾貝爾經濟學獎得主希爾伯特·西蒙（Herbert Simon）等各個領域的佼佼者聚集在這裡，探討一個完全不食人間煙火的主題——用機器來模仿人類學習以及其他方面的智慧。雖然很多內容沒有達成一致，但這次會議討論的主題名稱被確定下來，即「人工智慧」。因此，1956年也被稱為「人工智慧元年」。此會議上對人工智慧的描述為：「如果智慧的各方面都能在多尺度進行精確的描述，而電腦系統能夠去模擬的話，那稱具有這樣能力的系統為人工智慧。」

今天，「人工智慧」不再陌生，日常生活中已隨處可見。比如人臉辨識、無人駕駛等，用到了電腦視覺相關技術；語音辨識、自動翻譯用到了自然語言處理相關技術；適性推薦及廣告行銷（如瀏覽器推薦新聞、社交網站推薦好友、購物網站推薦服裝日用等）等，則涉及數據探勘等方面的內容；垃圾郵件和垃圾簡訊的分類與攔截與分類演算法有關。你是否恍然大悟：「哦，原來這些都是人工智慧！」人工智慧發

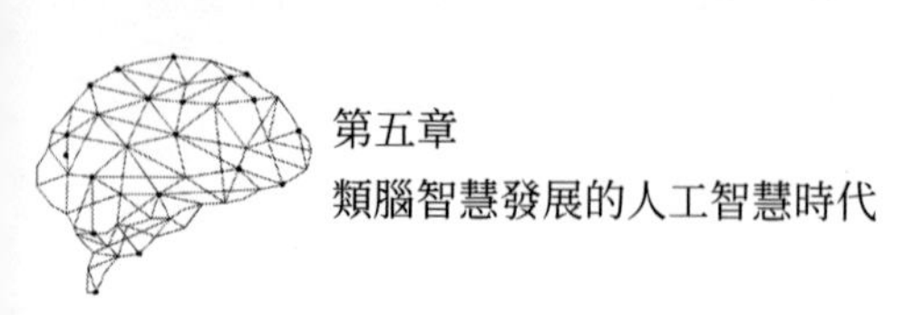

展迅速，為人類生活帶來了更多的便捷。接下來，重點說說日常生活中應用較為廣泛的人工智慧。

不知道大家平時是否有使用短影片、YouTube、Instagram 以及其他購物軟體的習慣，有沒有發現用過一段時間之後平臺推薦的內容越來越符合自己的品味與喜好，有時候甚至還沒有等我們主動搜尋，平臺已經自動將想要的一些好物推送到了首頁，這是為什麼呢？難道我們被平臺「監視」了嗎？其實這主要是推薦系統發揮了重要作用。推薦系統是一種特別的資訊過濾系統，可以根據現有的使用者資訊和數據（包括搜尋、評分、點選率、停留時長、互動情況等）進行客製化推薦內容。可以這麼想，推薦系統根據不同人的使用情況為每個人制定一張獨一無二的「自畫像」，這張影像包含展現著我們的喜好、習慣等資訊。也可以這樣理解，每個使用者都有一個專屬的「瀏覽管家」，根據不同的客戶實現不同的推送結果。亞馬遜（Amazon）就是透過這類推薦引擎達到營業收入提高 35%的業績。與此類似的案例還有客製化穿搭、客製化健身、客製化醫療以及特定風格音樂、書籍、新聞推送等。

從最開始的只能翻譯文字到現在可以實現語音、圖片、檔案直接讀取翻譯，從最開始需要設定語言類別到後來的能夠自動辨識語言體系，翻譯軟體的不斷更新進步為很多學生和工作人員提供了更大的便捷和更好的使用感。翻譯軟體的背後，是人工智慧中的自然語言處理技術，簡單來說，就是將可辨識的輸入文字透過自然語言處理演算法輸出為特定結構化的數據，其他的應用還包括聲音轉換、評論或者話題的情感分析，等等。

隨著社會普遍安全意識的增強，很多社區和公司都在入口設定了面部辨識，有效提高安保效率；大家排隊做快篩的時候刷身分證進行快速登記；無人機在例行檢查時可以實現區域搜尋、障礙判斷等，從而幫助繪製地圖……這一系列的使用場景都是在電腦視覺的支持下完成。此外，該技術在唇語辨識、影片文字提取、影像分類、機器人控制等方面也有著廣泛的應用。

在 2022 北京冬奧會中，人工智慧的使用無疑為冬奧會加持了濃重的科技色彩，成為亮點之一，有負責熱紅外測溫、口罩佩戴檢測、公共空間巡控、手部消毒等工作的巡檢機器人，也有負責餐飲工作的後勤機器人，還有穿梭於場館閉環與非閉環區的無人配送車等。另外，人工智慧還可以助力運動員動作技術的分析，幫助運動員科學提升訓練水準。深度學習原理的人工智慧技術，解決了「跟得住」、「辨識準」、「精度高」3 個主要問題，可以進行大範圍的高空動作數據採集，實現對影片中人體關節點的自動辨識，進而建立起適

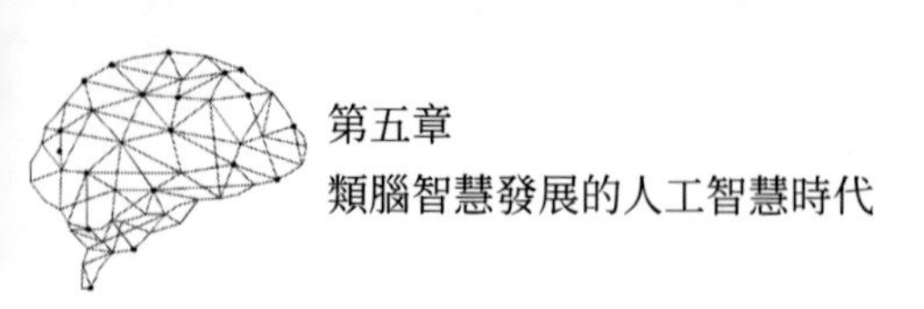

用於競技體育和一般生物力學研究的電腦系統 —— 無反光點人體運動自動捕捉人工智慧系統。該系統已應用在了競速滑冰、花式滑冰、跳臺滑雪、越野滑雪、鋼架雪車等專案的訓練工作中。其中，在競速滑冰與越野滑雪訓練中，該系統已經獲取超過 8,000 人次的動作數據。

現在市面上非常火熱的家居產品，有很多都主打「智慧家居」的主題，如智慧窗簾、智慧燈光控制、智慧掃地機器人以及智慧安防。前兩款可以根據使用者是否居家和具體要求切換不同的情景模式，比如不在家的時候可以換為離家模式，實現家居自動關閉的功能。智慧安防是普遍反響很好的一款系統，尤其家裡有老人或者孩子，使用者可以透過智慧監控實時以及延時檢視情況，也能夠進行對話，十分便捷，讓使用者無論何時何地都可以對家庭情況瞭如指掌。

可以看到，人工智慧已經滲入我們生活的眾多領域，在很多方面提高了便利性和效率，促進了廣大民眾的美好生活，提升了幸福指數。人工智慧帶來的巨大變革不僅展現在日常生活中，在科學研究領域也有許多傑出的成績。

人工智慧助力科技發展

我們知道，人工智慧領域的神經網路相當程度上是模仿人類神經元建立起來的，甚至「神經網路」這一名詞都是從生物學界引用而來的。那麼，在神經網路的雛形之上，科學家們是怎樣一步一步地搭建起今天所見的強大而高效的人工智慧的呢？科學的發展往往是螺旋上升的，有繁榮和突破，也有冷遇和停滯不前，人工智慧的發展歷程也是如此。

1980 年，日本科學家福島邦彥創造性地從人類視覺系統引入了許多新的思想到人工神經網路，搭建了一個全新的神經網路模型，被很多人認為是如今廣泛應用的卷積神經網路的雛形。有趣的是，福島邦彥的初衷是建構一個像人腦一樣，能夠辨識看到的物體的網路，來幫助我們更容易理解大腦的運作，卻無意間為現代人工智慧的發展奠定了基礎。

接下來的 10 年間，關於捲積神經網路的研究始終停滯不前，直到 1990 年，科學家楊立昆（Yann LeCun）在福島邦彥的基礎上引入了新的反向傳播演算法，並且簡化了捲積運算的過程，使捲積神經網路初步具備了大規模應用的基礎。但這位科學家並沒有止步不前，1998 年他再次發表了一篇長達 46 頁的論文，提出了一個新的網路模型，並且將自己的方法與當時全部的主流機器學習方法做對比，取得了壓倒性的勝利。事實上，這個被命名為「LeNet-5」的網路在基礎架構上已經無限接近今天的捲積神經網路了。人們本以為這是人工智慧崛起的衝鋒號，但由於當時電腦的計算能力較弱，無法訓練大規模的神經網路，人工智慧的發展在世紀之交又

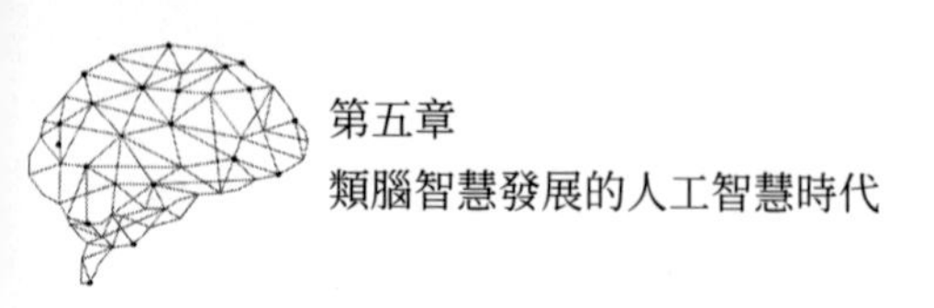

一次陷入了迷失。值得一提的是，楊立昆教授於 2019 年獲得了電腦領域的最高獎項 —— 圖靈獎。

直到 2012 年，在充分進步的硬體計算能力支持下，多倫多大學的亞歷克斯．克里澤夫斯基（Alex Krizhevsky）等搭建了比以往的神經網路都要更深的網路，在影像分類的任務中取得了壓倒性的優勢，令當時所有的人工智慧方法望塵莫及。時至今日，這個模型的提出已經被公認為人工智慧發展的里程碑。而正因為克里澤夫斯基等搭建的網路，就其本質而言，是以往的神經網路的深層版本，當時的人們發現了深層網路的巨大潛力，並引發了關於「越深越好」的思考，這也成為深度學習蓬勃發展的開端。

發人深省的是，克里澤夫斯基開始鑽研人工智慧時，已經即將從多倫多大學畢業了。面對畢業前的最後一份工作，他並沒有敷衍了事，而是以過人的毅力和創造性的思維，展現了人工智慧的廣闊前景，為人類的科技進步做出了卓越的貢獻。

2014 年，依託於賽局理論思想，伊恩．古德費洛（Ian Goodfellow）搭建了「生成對抗網路」。今天我們所見到的人工智慧，已經能夠根據描述生成逼真的人臉影像，對真實的人臉影像進行風格上的轉變。甚至，人們只需要指定一種風格，比如「學生」，人工智慧就可以生成成千上萬的可以以假亂真的「學生」的高畫質影像，這些強大的功能都是在「生成對抗網路」的基礎上實現的。

時間來到2015年，科學家們已經在「越深越好」的道路上遇到了重重阻礙，他們發現，人工智慧的規模越大，神經網路的層數越深，訓練就越艱難，而取得的效果也很難令人滿意。更令人迷茫的是，隨著網路層數的加深，很多人工智慧模型的能力居然發生了退化。深度學習該如何發展？深度學習是否還有未來？這兩個問題在當時引發了大規模的討論。在這個決定人工智慧何去何從的十字路口，華人科學家何愷明帶著他的「深度殘差網路」橫空出世，一錘定音地開啟了人工智慧的黃金時代。「深度殘差網路」的提出，使得深達幾十層甚至上百層的神經網路依然可以被訓練和應用。這是第一個在圖片分類任務上超越人類的人工智慧模型，也是第一個在工業界繁榮發展，被大規模應用於各種科技產品中，從各方面改變人類生活的人工智慧模型。時至今日，「深度殘差網路」依然執行在世界各地的人工智慧研究機構的電腦中，執行在全球各大科技公司的產品中，它的各種變體已經成為人工智慧領域的通用框架。同時「深度殘差網路」也是人工智慧學術研究中的一個標竿，科學家們每提出一種新的人工智慧模型，都要首先證明：我們的方法並不弱於數年前的深度殘差網路。

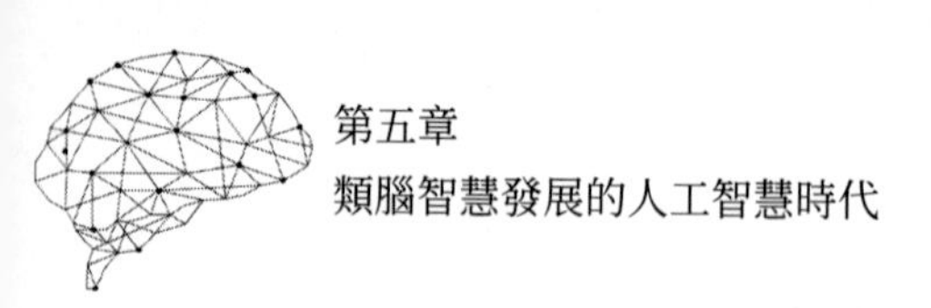

2016 年，人工智慧終於以一種別樣的方式出現在大眾的視野中。在「深藍」打敗西洋棋大師加里·卡斯帕羅夫（Garry Kasparov）後，人工智慧向人類棋類運動的最後一塊領地：圍棋發起了衝鋒。在 2016 年之前，大眾普遍認為，由於圍棋運動更依賴於人類玩家的直覺，人工智慧挑戰頂尖的人類選手還需要很多年。但得益於深度學習和樹形搜尋策略，AlphaGo 首次實現了人工智慧對人類選手的勝利，並使得「人工智慧」這個名詞與科學研究脫鉤，以一個嶄新的科技產品的形象為人所熟知。

2017 年，科學家們將目光轉向了人類理解機制中的一個重要部分：自注意力。他們觀察到，人類在理解文字或影像時，往往能捕捉到文字或影像內部各個成分間的連繫，並將關注點放在與其他成分連繫最緊密的少數幾個組成部分上。受此啟發，科學家們將這種注意力機制引入人工智慧領域，使得人工智慧在自然語言和影像理解上取得了重大突破。今天，我們可以與人工智慧對話，可以讓人工智慧理解我們的語音指令，可以讓人工智慧根據上下文補充文章中的缺失部分，甚至可以讓人工智慧進行文學創作，這些科技進步都得益於自注意力機制的提出與發展。

過去 10 年，是人工智慧發展歷史上一個令人難以置信的高速發展和多樣創新的時期，許許多多的科學研究成果不斷顛覆傳統認知，許許多多曾被認為是天方夜譚的科技產品走進日常生活。隨著人工智慧的不斷發展，人們對於「智慧」的理解也越來越深刻。我們不禁期待，未來人工智慧又會取得怎樣的纍纍碩果呢？

類腦智慧與未來

正如第 1 章中所描述的，類腦智慧產業主要包括兩點：腦機介面和類腦研究。腦機介面主要研究大腦和機器之間的連繫，在本書的第 4 章已經進行了詳細介紹，這裡就不再贅述。類腦研究是未來智慧的基礎，是下一代人工智慧需要的理論研究。可以說，類腦智慧是邁向未來智慧的重要關卡。

人工智慧與人腦的「執子之手，與子偕老」

事實上，人工智慧領域的突破離不開腦科學的啟發。許多先驅的人工智慧科學家也是腦科學家，如艾倫．圖靈（Alan Turing）、約翰．麥卡錫（John McCarthy）、馬文．明斯基（Marvin Minsky）。大腦之間的神經連線啟發電腦科學家開發了人工神經網路；大腦的捲積性質和多層結構又啟發

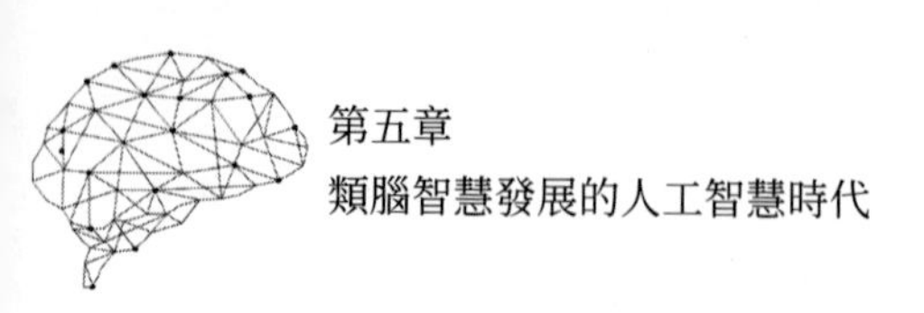

了研究人員開發摺積神經網路和深度學習；受到自注意力機制的啟發，人工智慧在自然語言和影像理解上取得了重大突破……同樣，人工智慧的發展也使得人類更加關注大腦，促進了腦科學的進一步發展。

脈衝神經網路是源於生物啟發的新一代人工神經網路。儘管長久以來深度神經網路憑藉電腦的強大算力在很多領域都有所突破，但並不高效。於是人們關注到生物神經的編碼方式是離散的脈衝形式，不同脈衝出現的時間序列也是編碼訊息的重要組成部分。因為大腦動態神經網路中的神經元並不是在每一次訊號疊代傳播中都被啟用，而要在它的膜電位達到閾值才被啟用，從而產生脈衝進而再恢復靜止膜電位。因此，如果達不到閾值，那麼神經元就不會有脈衝發生，膜電位也保持不變。由此人們受到啟發，發展出了第三代神經網路 —— 脈衝神經網路。我們可以看出，脈衝式編碼更加符合神經元真實的工作狀態，這也使得編碼更加輕鬆與自由。

曼徹斯特大學研發的 SpiNNaker，號稱「世界最大的『大腦』」，擁有 100 萬個處理器核心和 1,200 塊互連電路板，希望透過模擬人類大腦的行為幫助我們更容易理解大腦的執行機理以及與大腦相關的疾病，例如帕金森氏症、阿爾茲海默症等。

由上可以看出，人工智慧與人腦存在著密不可分的關係，相互促進。但人工智慧的發展，也引起了社會對人機關係和相處模式的思考。無論是上面提到的 IBM 開發的象棋電腦「深藍」戰勝棋王加里・卡斯帕羅夫，還是 Google 的 AlphaGo 棋戰勝圍棋九段柯潔，又或者是 Deep Stack 戰勝德州撲克人類職業玩家……伴隨著一次次人工智慧與人腦的博弈，人們既對它的前景充滿期待，與此同時各種輿論也甚囂塵上：人工智慧會取代人腦嗎？人工智慧能否與人類和平共存……

不知道大家是否看過電影《A.I. 人工智慧》（*A.I. Artificial Intelligence*），電影中母親莫妮卡（Monica）決定收養一個機器人小孩大衛（David），她透過念詞程式啟動了大衛對自己的愛，從此母親莫妮卡成為大衛生存的唯一理由，是大衛生命裡真正的一束光。而機器人大衛也為莫妮卡帶來了前所未有的快樂，治癒了她憂慮的心靈。但最終隨著莫妮卡不再信任大衛，為了保護她真正兒子的安全，這個機器人「兒子」被遺棄。其實這部電影主要是為了揭示一個人文核心問題 —— 到底什麼才是人類的本質？如果機器人能夠與人類無異，具備思考、學習、愛與仇恨等各種高級能力，人類是否會感到威脅？

雖然 AI 對人腦的挑戰不會停下，但以現在的發展情況來說，斷言人工智慧會取代甚至毀滅人腦還言之過早。電腦的

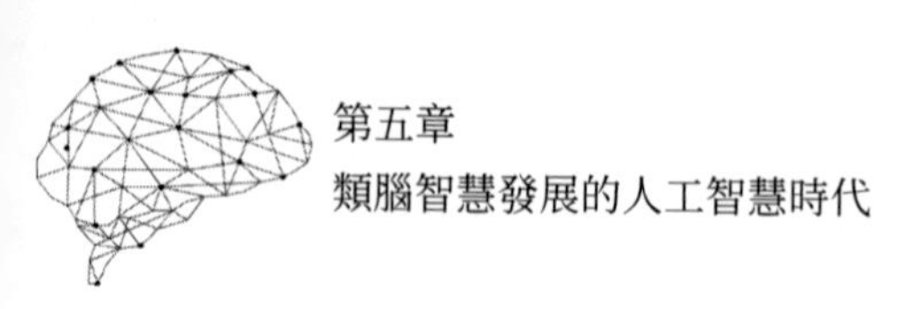

出現使得人類開始模擬大腦智慧，人工智慧可以說發展到了遍地開花的程度，眾多產品已經闖入了千家萬戶。但人腦的「智慧」和這些人工智慧是同樣的嗎？

就目前而言，人工智慧還沒有達到真正的「智慧」，還無法實現象人腦一樣思考、運作。儘管人工智慧被用於人臉辨識、文字辨識或下棋等某些目標和規則明確的任務，其在計算速度和準確性方面超越了人類。但這更多的是從大量數據當中尋找規律，機械地對數據擬合與有限的泛化，稱其為「數據智慧」似乎更加恰如其分。

而人類的大腦是一個複雜的系統，可以根據少量數據得出複雜結論，能夠同時並行處理很多事情，面對新事物能夠產出新的知識，能夠根據自己的喜好做出選擇，具有同理心、情緒、好奇心、創造力、終生學習的能力⋯⋯人類的大腦是很靈活的，尤其是可以做到舉一反三，比如看到外面下著大雨，你不會毫無準備立刻出門，要麼拿傘，要麼等雨停；天冷了多加衣服；熱水要晾一會兒再喝⋯⋯

這樣一個個十分日常又簡單的行為背後蘊含著複雜的大腦執行機制，但這些對於目前的人工智慧來說是難以表達和實現的。換句話說，人類智慧的本質在於不斷適應環境並能在現實世界中行動與生存的能力。因此，人類智慧和我們通常所說的人工智慧屬於兩類不相同的智慧進化形態。可以說，人工智慧還處在非常初級的階段，達到與人類智慧同等水準的機器人仍然處在科幻小說的世界裡。

人工智慧的下一個「春天」——類腦智慧

可以看出若是停留在行為尺度的模擬，這與構造真正意義的智慧是不同的。「機器能夠思考嗎？」艾倫．圖靈在1950年代就有此類的思考。之後，美國電腦學會的創會主席艾德蒙．伯克利（Edmund Berkeley）在他的著作中也曾提到「CAN MACHINES THINK? WHAT IS A MECHANICAL BRAIN?」可以看出，機器能夠具有思維的能力應該是當時探索電腦作為機械大腦的一批優秀科學研究人員的美好願景。

過去腦科學中一些複雜的結果，並沒有被應用到人工智慧中，甚至一些十分簡單的原理都還沒能在人工智慧中實現。就像人類大腦的聯接是動態變化的，有的可以生成，有的可以消滅。然而，在人工神經網路中所有的聯接都是固定的。這種類似的簡單腦科學原理應用在未來智慧都將產生十分大的影響。

有學者表示，下一代人工智慧應該具備三個特點，低功耗、具有自主學習能力、在價值觀上實現人機協同。第一，在低功耗方面，雖然現有的人工智慧模型結構上部分借鑑了

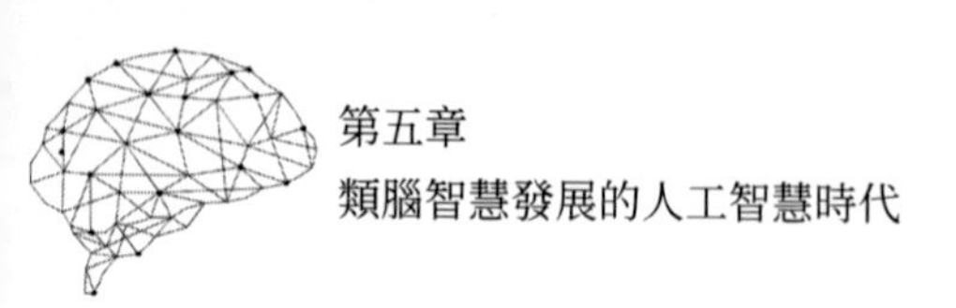

大腦的神經形態，但是它的學習方法上還主要是基於一種叫「反向傳播演算法」的數學最優化方法，這就使得能量消耗十分龐大。比如說最近發展出來的大模型技術，訓練一個這樣的模型碳排放相當於一輛小汽車從地球到月亮的一個來回，而我們人類大腦的能耗僅僅在 20 瓦左右，二者之間能耗差距巨大。第二，在自主學習方面，上面也提到了現有的人工智慧依賴於大量的數據進行封閉式學習，實現自主學習、舉一反三等能力十分困難。第三，如果能夠在人工智慧中實現人類價值觀的認同，將會給產業變革帶來重要影響。要進一步在人工智慧領域實現「里程碑式」的進展，「類腦智慧」接過接力棒，成為人工智慧研究的「新寵」。

類腦智慧是以計算建模為手段，受腦神經機制和認知行為機制啟發，並透過軟硬體協同實現的機器智慧。類腦智慧系統在訊息處理機制上類腦，認知行為和智慧水準上類人，其目標是使機器以類腦的方式實現各種人類具有的認知能力及其協同機制，最終達到或超越人類智慧水準。類腦智慧是一個交叉學科，需要腦科學、認知科學、演算法、硬體、心理學等多種學科的深度融合，它有望彌補傳統人工智慧的不足，帶領人工智慧走向下一個春天，迎來技術奇點。

在類腦研發領域中，類腦晶片有了突破性的發展。什麼是類腦晶片？目前人工智慧中，神經網路模型的最重要問題就是計算量大導致的算力需求，以及快速成長和算力提升放緩的尖銳矛盾。面對這樣的現實環境，我們以期透過類腦晶片解決。類腦晶片是人工智慧晶片中的一種架構，模擬人腦進行設計，一旦訊號開始在它的「血管」裡流淌，就能像生物的大腦一樣進行思維，並作出反應，在功耗和學習能力上具有更大優勢。例如，AlphaGo 與人類進行圍棋大戰時，需要耗費將近 1,000 度電，但是採用類腦晶片後，會大大降低能耗，猜想僅用原來能耗的 1/300 就可以完成同樣的工作。而與此同時，運算速度卻能達到原來的上百萬倍甚至上億倍。

儘管在類腦晶片領域已經取得了很多令人矚目的成果，但這些與人腦的工作模式還存在很大差距。除了類腦晶片，類腦智慧未來的發展重點方向還包括腦機介面、類腦智慧機器人、機器學習、認知計算、混合現實等。

目前類腦智慧整體處於實驗研究階段，各科學研究機構與企業也大多還是處在起步、爭相發力的階段，真正實現相關技術商業化應用還有很長的路要走。要實現真正的「智慧」，還需要更多理論的研究與技術的進步。

小結

在本章中，我們首先介紹了人工智慧在生活和科學研究領域的發展與應用，接著探討人工智慧與人腦之間的關係，介紹了類腦智慧的現狀，最後暢想類腦智慧的未來。

類腦智慧是一個交叉學科，需要腦科學、認知科學、演算法、硬體、心理學等多種學科的深度融合，未來類腦智慧的發展與進步需要理論研究的新發現、軟硬體層面的新突破以及產品層面的最終落地轉化。

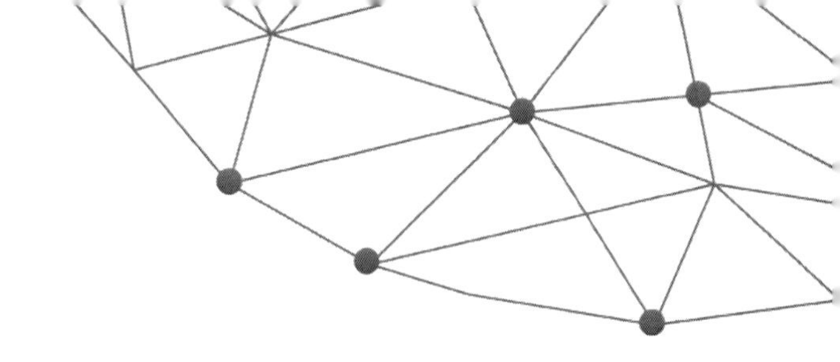

結語

現在，親愛的讀者，大腦探索之旅程即將結束。

腦科學被稱為科學研究領域「皇冠上的明珠」，是研究大腦結構和功能的科學，是理解自然和人類本身的「最終疆域」，是生命科學最難以攻克的領域之一。

透過閱讀本書，我們知道了大腦是人體最複雜的器官，包含著上百億個甚至千億個神經元，彼此之間透過突觸連線等方式構成了一個龐大而又複雜的神經系統，完成思考、記憶、注意、認知控制等成千上萬的事情，神經系統損傷則可能帶來不同類型的困擾。「我們是如何看到的」、「我們是如何聽到的」、「我們是怎麼記住一件事情的」、「意識存在於何處」、「喜、怒、哀、懼、愛、惡，人的七情六慾又由大腦的哪些區域控制」，聰明的你，在書中找到答案了嗎？

面對腦科學這一仍未被完全開墾的領域，先進國家正紛紛起跑，先後啟動針對大腦的研究專案。時至今日，理解腦的工作機制，對於重大腦疾病的早期預防、診斷和治療，人腦功能的開發和模擬，創造以數值計算為基礎的虛擬超級大腦，以及搶占國際競爭的技術制高點具有重要意義。正如文中描述的，人工眼球、人工電子耳幫助身心障礙人群正常生活；意念控制從科幻正在逐步走入現實；類腦晶片的研究與開發期望達到模擬人腦處理訊息的目的，腦科學研究對電腦、人工智慧等領域的誕生和發展產生的深遠影響正在不斷打破人們的思維邊界。

在本次旅程結束之前，作者有幾句話想說。從「心智源於心臟」到「思維、情感、智慧皆來自大腦」，探索腦科學奧祕的道路並不是一帆風順，充滿了曲折和坎坷。本書僅對目前的研究成果進行概述，腦科學研究仍處於不斷探索的階段，不同觀點錯綜複雜，一些研究領域也會出現爭論和分歧，其實，這是正常現象。畢竟認知角度是多元的，不同觀點是可以碰撞的，正所謂真理越辯越明。

希望這本書可以讓讀者更加客觀地了解大腦、認識大腦、理解大腦，新一代的研究力量可能就來自熱愛腦科學的各位。

參考文獻

[01] Mark F. B., Barry W. C., Michael A. P.（2004）。神經科學 —— 探索腦：第 2 版（王建軍譯）。高等教育出版社。（原著出版於 2003 年）

[02] 何靜（2017）。人類學習與深度學習：當人腦遇上人工智慧。西南民族大學學報 (人文社科版)，38(12)，84-88。

[03] 賀文韜（2018）。腦機介面技術綜述。數位通訊世界，2018(1)，73-78。

[04] 胡劍鋒（2006）。未來不是夢 —— 腦機介面綜述。江西科技學院學報，(2)，81-88。

[05] 李偉（2021）。認知建模和腦控機器人技術。科學出版社。

[06] 林涵、石海明、曾華鋒（2011）。從 DARPA 資助 BCI 技術研發看未來軍事變革。國防科技，32(5)，52-59。

[07] 加來道雄（2015）。心靈的未來：理解、增強和控制心靈的科學探尋（伍義生、付滿譯）。 重慶出版社。（原著出版於 2014 年）

[08] Michael S. G., Richard B. I., George R. M. （2011）認知神經科學：關於心智的生物學（周曉林、高定國譯）。中國輕工業出版社。（原著出版於 1995 年）

[09] 孟海華（2021）。類腦智慧的發展趨勢與重點方向。張江科技評論，2021(2)。67-69。

[10] 地球上的阿葛（2022 年 10 月 17 日）。更新吧，大腦！給上進青年的用腦指南。https：//www.zhihu.com/remix/albums/1058016904253419520.

[11] Jenny 蔡健玲（2022 年 10 月 20 日）。史丹佛泰斗帶你入門心理學。https：//www.zhihu.com/remix/albums/931603443288780800.

[12] 肖琳芬、蒲慕明（2021）。腦科學與類腦智慧。高科技與產業化，27(10)，20-23。

[13] 楊廙、李東、崔倩等人（2022）。觸覺的情緒功能及其神經生理機制。心理科學進展，30(2)，324-332。

[14] 葉浩生（2006）。心理學通史。北京師範大學出版社。

[15] PEI J, DENG L, SONG S, et al. (2019). Towards artificial general intelligence with hybrid Tianjic chip architecture. *Nature, 572(7767)*, 106-111.

[16] 于淑月、李想、于功敬等人（2019）。腦機介面技術的發展與展望。電腦測量與控制， 27(10)，5-12。

[17] 王志良（2011）。腦與認知科學概論。北京郵電大學出版社。

[18] 曾毅、劉成林、譚鐵牛（2016）。類腦智慧研究的回顧與展望。電腦學報，39(1)，212-222。

[19] 趙倩、譚浩然、王西嶽等人（2021）。腦電採集電極研究進展。科學技術與工程，21(15)，6097-6104。

[20] 張發華、舒琳、邢曉芬（2017）。頭皮腦電採集技術研究。電子技術應用，43(12)，3-8。

[21] BEAR M F, CONNORS B W, PARADISO M A. (2015). *Neuroscience: Exploring the brain. 4th ed.* Philadelphia: Lippincott Williams and Wilkins.

[22] GU L, PODDAR S, LIN Y, et al. (2020). A biomimetic eye with a hemispherical perovskite nanowire array retina. *Nature, 581(7808)*, 278-282.

[23] MORRISON I, L'KEN L S, MINDE J, et al. (2011). Reduced C-afferent fibre density affects perceived pleasantness and empathy for touch. *Brain, (134)*, 1116-1126.

[24] JENNY, LIU, BETSY, et al. (2011). Google Effects on Memory: Cognitive Consequences of Having Information at Our Fingertips. *Science, (333)*, 776-778.

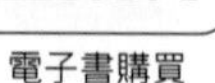

電子書購買

爽讀 APP

國家圖書館出版品預行編目資料

當「腦控」走進元宇宙空間！從神經元到 AI，前進思維的未來：突觸傳遞、運動控制、照相式記憶、腦機介面……由基礎神經科學至類腦智慧的跨越與創新 / 閆天翼 著 . -- 第一版 . -- 臺北市：崧燁文化事業有限公司, 2024.07

面；　公分

POD 版

ISBN 978-626-394-465-7(平裝)

1.CST: 腦部 2.CST: 科學 3.CST: 神經系統

394.911　113008657

當「腦控」走進元宇宙空間！從神經元到 AI，前進思維的未來：突觸傳遞、運動控制、照相式記憶、腦機介面……由基礎神經科學至類腦智慧的跨越與創新

臉書

作　　者：閆天翼
發 行 人：黃振庭
出 版 者：崧燁文化事業有限公司
發 行 者：崧燁文化事業有限公司
E-mail：sonbookservice@gmail.com
粉 絲 頁：https://www.facebook.com/sonbookss/
網　　址：https://sonbook.net/
地　　址：台北市中正區重慶南路一段 61 號 8 樓
8F., No.61, Sec. 1, Chongqing S. Rd., Zhongzheng Dist., Taipei City 100, Taiwan
電　　話：(02) 2370-3310　　傳　　真：(02) 2388-1990
印　　刷：京峯數位服務有限公司
律師顧問：廣華律師事務所 張珮琦律師

定　　價：250 元
發行日期：2024 年 07 月第一版
◎本書以 POD 印製